郑洁心
ZHENGJIEXIN
著

女人25

HUO CHU ZUI HAO DE ZI JI

活出最好的自己

让所有女孩身价倍增的成长魔法书

Wuhan University Press
武汉大学出版社

图书在版编目(CIP)数据

女人25，活出最好的自己/郑洁心著. —武汉：武汉大学出版社，
2015.10
ISBN 978-7-307-16917-3

Ⅰ．女… Ⅱ．郑… Ⅲ．女性－成功心理－通俗读物
Ⅳ．B848.4-49

中国版本图书馆CIP数据核字(2015)第227539号

责任编辑：安斯娜　　　责任校对：小　谨　　　版式设计：布　客

出版发行：武汉大学出版社　　　(430072　武昌　珞珈山)
　　　　　(电子邮件：cbs22@whu.edu.cn 网址：www.wdp.com.cn)
印刷：北京市通州运河印刷厂
开本：787×1092　1/32　　印张：8　字数：120千字
版次：2015年10月第1版　　2015年10月第1次印刷
ISBN 978-7-307-16917-3　　定价：32.00元

前言

25岁之前，可能是你未来人生的缩影，或只是一段人生旅程的练习

最近我和一些老朋友见面，那些朋友都是我们在25岁之前结识的。我发现一件很有趣的事情，那就是多数人目前的生活方式，和25岁时是类似的。只有少数人找到了自我，完成了25岁时的梦想。

一位25岁之前就热衷家庭生活并且走入家庭的女生，十年之后的她，就是一个母亲的样子，而且她很满足于自己的生活状态。

一位25岁之前就追求完美白马王子的女生，十年之后的她，仍在追求完美的白马王子，而且她也很满足于自己的生活状态，尽管一直在追逐的路上没有结果。

一位25岁之前就为金钱所困的男生，十年之后的他，仍然为钱所困，因为他一直没有发现自己为钱所困的原因所在。

一位25岁之前就为情所困的女生，十年之后的她，依然为情所困，因为她没有认识到真实的自己。

十年之后，你将陷入更大、更无力回天的遗憾，还是能满足于当下的自己？这全都取决于你25岁的时候有没有认识自己，有没有想好自己想要的是什么。然后，你有十年的时间把自己变成想象中的样子。

如果没有，那么多年之后，我们会为了一直追逐却没有实现的梦，想象出许多假象，去欺骗自己，然后活得离现实越来越遥远，越来越沮丧。

●年轻时不要害怕付出代价

25岁是人生的转折点，并不是说你在这个时间点就必须尽善尽美，把自己变成一个无所不能的人，而是要这样看待：

22岁大学毕业的你，已经拥有足够的知识和一定的智慧，去学习独立与生存；22岁到25岁之间的你，已经有少量的社会经验，足够你去看清楚这个真实的世界，使你能够整合自己身边所有的资源，思考下一步的规划。

这个时候，反思是很重要的。什么是反思？就是反过来思考过去你所做的工作，是不是符合你生命的热情？是不是足够使你废寝忘食不计代价地付出？如果不是，那么你要思考，只追求一份安定的工作并且拥有稳定的薪水，是不是你想要的人生？如果不是，

那么你要的工作又是什么？要去学、去问、去尝试。

不要害怕付出代价，如果25岁的你害怕为梦想付出代价而举步不前，那么十年之后你可能连想都不敢想年轻时的梦了。

●也是写给25岁的我自己

我很高兴《女人25，活出最好的自己》这本书，在大陆推出后，有如此热烈反响，特别感动于许多年轻的女孩，因为读了这本书，而开始思考自己的25岁，应该做些什么事情，应该为自己的将来做一些怎样的规划。大家也都会来信咨询我，而我很荣幸能有机会参与每一位读者的人生。

我也在思考，为什么这本书以及系列书籍会如此受欢迎？我觉得，因为这也是写给25岁的我自己的书信。如果我有机会对25岁的洁心说一些话，我想要说的，就是我书里写的这些话，我想要告诉"她"：

"有些事情，你已经做到了，这样的你很棒！但是我希望你可以好好思考我说的这些话，帮自己开启一个更好的未来。"

这句话，也是我在再版序文中，特别衷心地想对每一位爱读这本书的朋友说的。

谢谢你们喜爱这本书。

序　致大陆读者的一封信——
25岁女孩最该做的事

　　大约八年前，我写了第一本女性书籍——《写给女孩的幸福宣言》。书是为二十几岁的年轻女孩而写，从各种角度去探讨二十几岁的年轻女孩，可以从哪些地方努力，为自己的人生铺路，让未来变得更好。

　　这几年，随着这本书的出版，我陆续收到各地女性读者的来信，问我有关人生的各种问题，而所有的问题最终都归结于一点：作为现代女性的我们，如何才能活出最好的自己？在这些信件中，我发现最急切想知道答案的是25岁上下的单身女性朋友们。

　　25岁，对于一个女人来讲是什么样的年龄呢？

　　经历过一些事情，但是并没有变得世故圆滑；爱过一些人，但是心灵并没有找到妥帖的感觉，总是觉得也许会遇到更好的；受过一些伤害，但是并没有对美好的事物退却。

25岁，也许就是这么一个过渡的年龄，就好像一朵花，开得正艳，却担心快要凋落。看着周围的朋友恋爱的恋爱，结婚的结婚，做妈妈的做妈妈，25岁的你迫不及待地想走出眼前这一团迷雾，看见属于自己30岁的幸福安定。

在回复这些读者的来信中，我无一例外都会首先反问她们一个问题：

25岁的你，最在乎的是什么？

家庭、事业、健康、美貌、爱情、婚姻、丈夫、孩子、朋友、房子、人民币……对于女人来说，重要的东西太多了，但我坚持只能选一项最最在乎的，这时候大部分女性读者都选择了爱，爱别人，被人爱。这正印证了我的一位朋友说过的一句很平淡甚至很偏颇的话，她说：女人终其一生所追求的，不过是两个字——爱情。

有人不相信，有人不敢相信，我信。

我一直相信：女人的脆弱，其实仅仅针对爱情。

25岁，也恋爱，一面盼望着白马王子从天而降，一面笑话自己白日做梦，梦想和现实两个小人在心里你推我攘。

25岁，也失恋，一面安慰自己我还年轻，有的是机会，旧的不去，新的不来，可转头又一想，我都快30了，新的什么时候来啊？

25岁，想结婚，又怕束缚住自己，委屈了青春，可又一想，现在不结婚，我又能年轻几年？

25岁，想生个孩子，当个貌美的年轻妈妈多得意，可一看到路上那些下垂的胸部和肥大的臀部就望而生怯。

25岁，不想老去却眼看着23、24嗖嗖地飞走，27、28呼呼地奔来……

20远了，30近了，女人，你最怕什么？

没有爱情，你会冷；没有婚姻，你会空。女人最害怕的事情永远不是青春渐远，红颜渐逝，而是兜兜转转，终究找不到情感上真正的归宿。

感情是女人一生最美好的期待，也是25岁的你们最大的考验与功课，而最具有讽刺意义的是，尽管我们最在乎的是爱与被爱，但在规划自己的未来时，却无法把感情规划进去，因为感情要随缘，可以被期待，但无法被规划。

成熟健康的爱情，应该是两座山头，各有各的风景，各有各的呼吸空间，互望成风景，风在其间吹出默契。良质的爱情，会让自己看到另一个精彩生命的内部，进而双方一起分享心事，一起修习成熟，共度生命的每一阶段。

所以，亲爱的，不要老问自己的真命天子何时来，不要老问为什么你对他这么好却不被对方领情，应先问自己：已经把自己打点好了吗？你没有爱情可以自立自处吗？一个人可以不怕寂寞吗？

25岁的单身女人，最重要的是什么？

25岁的单身女人，最关心的不是能不能"嫁出"，而是有没有丰富的"收入"：心理上的、健康上的、精神上的。内心不够强壮不够坚定，自信自然会动摇，自信被动摇，自然会害怕孤单。

暂时没有爱情的生活，虽然有时会平淡得不行，但你可以把自己打扮得干干净净，漂漂亮亮的，优雅又从容，也可以积极发掘和投入自己的兴趣，让自己变得有趣味起来，如此一来，自信和吸引力自然倍增。

暂时没有人欣赏你，爱你，更要努力活出最好的自己，唯有自己好了，才能与别人良性地相处。你得自己养出一方丰足自立的风景后，需要你的人才会来，别人才觉得你是可以依靠的，与你在一起如沐春风、没有压力。

如果自己不能照料好自己，自己不能爱自己，自己不能独立成长上进，与别人在一起时就很容易陷入纠结的状态，因为你放弃了独立的自我，成了依附在对方生命上的不完整个体，时间久了，对方会觉得是沉重的负担，两个人的感情会开始渐生不满与冲突，到时候不是一起溺毙窒息，就是对方害怕逃开。

思考现代女性如何活出最好的自己，一直是我在写作上想要做的事情。我和所有台湾女性一样，经历过传统教育，面对过升学就业压力，也享受过恋爱，品尝过失落，然后走入婚姻。在这些过程中，我持续朝着自己梦想中的生活走去，学习着用更成熟的态度面对难题。同时，我也时常思考，如果时光可以重来，如果当时我在哪些事情上特别注意，应该会更好一点。这些想法在我的心里酝酿已久，现在终于可以把它呈现出来了。

我想把这些想法告诉所有25岁的女性朋友，关于那些我曾经做得很好并且为自己带来幸福的事情，希望能给你们作为参考；而关于那些我曾经做得不够好并且需要改进的事情，希望能给你们反思的空间。

而我必须说明的是，每一个人都有自己的生活态度和幸福感所在，所以我所说的并不一定要奉为圭臬，我更希望你在读完这本书之后，能够针对这些议题，整理出专属于你自己的幸福蓝图。

谨将这本书献给每一位超爱自己的女人。

目　录

CHAPTER 03

美丽永远是女人的万能钥匙

CHAPTER 04

女人一辈子至少要有一次自立自强的减肥大作战

003

CHAPTER 05

成熟的女人，一定是能够控制自己情绪的人

CHAPTER 06

身心没有照顾好，谁的羡慕眼光都是多余

弯月下，
在花儿绽放的瞬间，
她守候着自己的快乐。
梦想像花儿一样，
开得美美。

CHAPTER 01

用你的心灵呼唤幸福

25岁是女人人生处于分水岭的年龄——

既是女人爱情的困渴期、家庭的初始期、

事业的发展期、婚姻的磨合期，

也是女人全面走向成熟的开始……

无论事业还是爱情上遇到多么大的挫折，

女人唯有将信念埋于心，置于行，

才能演绎自己更加美丽动人的人生。

01 自己身上的每一个特质，都具有意义

●不是你不好，而是你还没有认清楚自己的优势

或许你现在和以前的我一样，正在忍受着黑暗的折磨，觉得自己任何事情都做不好，恋爱也谈不好，和家人也处不好，连自己都觉得自己不好。或许你开始怀疑自己存在的意义，怀疑自己根本不适合生存在这个世界。莫非是上帝故意跟你开了一个玩笑，给了你生命却不给你适合活在地球上的特质？

但这世界如此之大，你都看过了吗？你确定自己身上没有一个特质能够使你发光发热？

还是，并不是这个世界不接受你，而是你还没有认识清楚它的面貌？

我曾经遇见一个年轻女孩，我必须很坦白地说，当我第一眼见到她的时候，我有点震惊，因为她可能是我见过的女孩中，外表最不起眼的一个。她的学历普通，家世平平，处事优柔寡断……我实在看不出她

有什么特质，能助她日后在社会上取得一席之地。

她的处事态度会使得她在工作上赚不到钱，她的外表可能使得她很难结交到男朋友而得到幸福的婚姻，她的家庭不能给她需要的金钱或社会地位的支持，不能作为她落难时的后盾……总之，我曾经为她感到担忧。

然而，经过交往以及深入了解之后，我发现我根本是杞人忧天，结果也不是我想象中的那样。

我忽略了她虽然优柔寡断但却不乏细腻的心思，貌不惊人但天生拥有绝佳的美感。她的善解人意，使她成为一位人见人爱的女孩。她身边的人都喜欢与她相处，因此她有非常非常多的好朋友，活得一点都不寂寞。

朋友买衣服买鞋子买包包，都要透过她的眼光鉴赏才下手。她与生俱来的观察力、和时尚同步的能力，超乎一般人。而且她还是一位认真负责的人，谁把事情交给她都很放心。

所以我的担忧是多余的，其实她活得很好很快乐，而且别人都需要她，包括许多工作也需要她，她会因此而赚到钱，也会因此得到别人的支持。

我从小被认为是一个很有才华但很难管教的女孩，因此家中的长辈一直很担忧，我的将来该怎么办？他们深知要在这个社会上生存，得要有点柔软身段及谦卑的态度才行，但我一点都不柔软，空有才华无用。我的直率特质在他们的眼中是危险的，只会暴露自己的缺点以及得罪别人。

但幸好这世界上还有一个行业需要才华和直率这两种特质，那就是作家，所以我在写作这个领域能发光。

至于与人的应对进退技巧，其实都会随着年纪和经验而成长，所以我还是活得不差。

我相信每一个人身上的特质，都有它的意义，但你必须发掘出它好的一面，把它放在对的地方，发扬光大。

桀骜不驯在革命家或诗人身上，才是王道。

浪漫爱幻想的性格，最适合当小说家。

至于爱漂亮究竟是好还是不好，如果你是时尚圈的人，你怎能不爱漂亮？怎能没有一点点自恋？

●认识自己，是幸福的开端

很久以前我的朋友对我说，在爱情里，她总是选择与不是自己最爱的那个人交往，因为她很清楚自己，一旦爱上了，就会不顾一切豁出去，但她不会那样对待自己的人生。

她在爱情里一直是占上风的那个人，得到的比付出的还要多。

人生没有完美，而30分的爱情，加上70分的生活享受，对她来说，就是100分的幸福。然后她对自己的选择表示肯定，所以知足，所以幸福。

我看她不是特别有才能的女孩，如果她真和那种能让她豁出去的男人交往，生活肯定颠沛流离。

人也不需要特别有才能，关于琴棋书画、飞檐走壁的事情，不会使人过得更幸福，但只要拥有一项才能，就能使自己拥有幸福的人生，那就是：认识自己。

所以令我的朋友幸福的才能，就是她19岁就认识了她自己。

不要害怕认识自己，因为与生俱来的特质，并无好坏之分，就是一个事实。这个事实，必须通过你的作为去使它逐渐完美，只有这样，它才能为你发光发热。

有些特质需要放在适当的环境里，才能发光，而有些特质需要精炼、提升，才能让自己活得更好。

在你出生的那一刻，上帝已经为你安排好了食材，你得先认识它们，才能炒出一道完美的菜。

● **想要认识自己，就要先尊重自己的热情**

我的男性朋友A是一位条件非常好的男人，他来自于一个经济条件非常优渥的家庭，受到了良好的教

005

育，留学归来，得到了一份非常好的工作，工作几年后，他靠着自己的薪水付掉台北市高级住宅区的房贷后还生活无虞。

他的样貌斯文，个性温和，无论从哪一个角度来看，他都应该是一个没有烦恼的年轻男人，但是，他的生活却过得很不快乐。他常常对我说，他是台湾传统教育下腐败的产品，只会读书，什么都不会。我和他认识几年，见面次数不多，但经常在网上交谈心事，他气愤自己为什么从小那么听父母的话上学、读书、选择科系、选择工作，最后仿佛将自己架空在一个没有生机的气球里，每天都要窒息。那环境不是他喜欢的，那些多余的应酬和复杂的人际关系也不是他喜欢的，却是工作必需的。

他向我抱怨了他的痛苦好几年，而我也请教他电脑相关问题好几年，有一年他突然对我说，他下定决心要逃离那个工作环境。那个时候，他刚升官不久，一度要拿出过去几年的积蓄，买一个属于自己的房子，开一部很拉风的车子，把所有35岁有身价的男人该有的标准配置备齐。可是，他并不在意那些。他告诉我他最想做的事情是当义工，从事公益事业，至于工作，他不是很在乎，只要有一份足以养活自己的工作就好了。

我听后有点惊讶，不太相信他真的能够放弃这一

切，但我终究还是祝福他早日实现梦想。尔后，我们大约有两年都没再联系。近日他又出现在网上，特地来告诉我，他已经考取了公务员，同时也已经在世界展望会做义工了。在电脑的这一头，透过文字，我能感受到他破茧而出的那种喜悦，也很感动他在第一时间与我分享这个消息。

007

我想现在的他应该活得比以前快乐，如此快乐的他，就像是沉睡已久的人醒来，睁开眼睛看见了他想看见的世界，他知道，自己该做什么，他与生俱来的天赋是什么，他的性格所赋予他的使命是什么。

当然到了我这个不大不小的年纪，也见了其他很多青春梦想破灭的结局。一位极具绘画天赋的朋友，从小梦想着当画家、开漫画店，后来却去当了工程师。几年前他告诉我他的生活日夜颠倒，令人心疼，他表示想用当时的积蓄开一家漫画店。最近我们又联系上了，他还是在那里继续工作着，生活绝对安逸，但带着一点点中年人无力回天的哀愁就是了。那份哀愁，就是越来越不认识自己，奋力地去遗忘自己曾经有多么喜欢画画。他所认识的自己，只剩下职场地位，还有富裕的生活，那生命力却被一点一滴地榨干。

尊重自己的热情，才能逐渐认识自己。

●一个人的价值展现在他的热情上

现在的社会，以金钱和社会地位衡量一个人的价值，这使得每一个人都相信，只有功成名就这个方向，才能彰显自己的价值。

其实这是错误的，你无感的事情不能为你创造价值，无感的事情只能让你跟随。举例来说，你无感的工作你只会做60分，因为你对于放松自在更有感，你会把全部的心力放在上面。人性本如此，老板付了100元给你，你不会想做价值100元的事情，你会想多占老板一点儿便宜，少做一点儿工作。

可是有感的事情就不一样了。如果你对一份工作有感觉，你就会不顾一切地去深度研究它，取得精进，你的眼中看不见利害得失，只想知道它怎样才能更好。如此一来，你的成长会非常迅速，短时间内就能成为行业的佼佼者，闪闪发光。

你的热情会引导你将全部的精神都投入其中，就连与朋友聊天的话题也离不开，别人一开始会笑你傻，但渐渐的，他们就会被你感动，就知道只要碰到类似的问题或机会，找你就是了。

这样，你就是发光了，你的价值被发现了。

02 你的快乐真的很重要

我的朋友说，他是传统教育下腐败的产品，其实我非常能感受到其中的悲伤，因为我也是相同教育之下的产品，我能理解，在成长过程中只被教育责任却不被鼓励快乐，这是多么痛苦的事情。

有一天，我问一位学妹为什么选择这个科系，她说因为那样妈妈会很快乐，但是她自己毫无感觉。

毫无感觉的事情不是不可以做好，但是当你到了中年，那些除了责任之外，除了赚钱之外，没有更多的快乐在其中的工作，就会成为压垮你生命的最后一根稻草。对一件事情没有热情，只凭着青春活力和毅力去坚持，到了中年之后你就会发现那是行不通的。到最后，你的生活只剩下等待放假出国以及年终奖金，当然，还有购物。扣除做这些事情之外的两百多天，你都会很不快乐。

在快乐里有自己的理想、成就感、生活目标，而且有一种排除患得患失的自在。如果你喜欢烹饪，不会因为一次烹饪失败而痛苦，因为在那个过程中你就尽情地享受了；如果你喜欢打球，也不会因为一次球赛打输了而痛苦，因为在那个过程中你就尽情地享受了。快乐是这么美好的事情。很多人找不到自己的快乐，只知道像牛一般工作赚钱，结果生活好空虚，于是，赚到钱之后，赌博、酗酒、性爱……这些短暂的代偿性快乐便来到了他的身边，让他感觉活着还有一点趣味。可我们都知道，那种快乐只是麻醉药，药效退了之后就什么都没有了，它所能带给你的快乐，远远少于它从你的生命中掏空的能量。

　　所以年轻的你要知道，找到自己的快乐真的很重要。有些人的快乐是交朋友，与他人分享生活；有些人的快乐是在自己的专业中埋头苦干，少一点不必要的应酬；有些人的快乐是追逐金钱，看见存款簿数字上升就好快乐，如果投资有成则更快乐；有些人的快乐是帮助别人，看见别人因为自己的帮助而展现笑容，他就觉得无限满足……

　　如果未来的生涯规划能和自己的快乐结合，那是很棒的事情，因为那种"不计得失也想沉浸其中"的热情，会引导你在某个领域发光发热。如果未来的生涯规划不能和自己的快乐结合，那么在工作之外有自己快乐的事情可以做，那也能在每日生活中灌注给你

满满的活力。

知道自己做什么是快乐的，什么又是自己的责任，这是选择自己人生的基础。

每一件事情都有其责任和快乐所在，要尽情地享受其中的快乐，而该承担的责任也要勇敢地完成它。

03　坚定的内心比什么都重要

●不要彷徨

　　19世纪俄国批判现实主义作家屠格涅夫曾说过：一个人的个性应该像岩石一样坚固，因为所有的东西都建筑在它上面。

　　或许你现在正站在人生的十字路口，你不知道该向左走，还是向右走，而我也常常接到读者来信，问我这样的问题：

　　"我很爱他，但是他的家人反对，我该继续这段恋情吗？"

　　"我并不满意现在的工作，但是，这份工作的薪水还不错，我应该跳槽吗？"

　　一旦你彷徨，你便陷入了耗时费日的陷阱里，代表往后将有一段时间，你不是很确定自己在做什么，将会朝着怎样的人生方向迈步，你将只是敷衍着

恋人、工作与自己，而这种日子，就如同搭在坑洞上的茅草，随着时日过去，坑洞上的茅草越来越重，直到有一天，它们会尽数掉入空洞中，而你，再也无法粉饰太平，必然面对重大挫折。

你知道吗?我们现在所拥有的一切，都是过去我们在某一段时间里努力而得来的，也许你忘记了，但你确实曾经非常努力。现在我们拥有了这些，例如一个恋人，一份工作，也不会永久，还是必须全力以赴，才能持续地保有他们。

如果你彷徨了，如果你敷衍了，那么，这些我们所拥有的一切，便会逐渐远离我们，而我们终究，会失去它们。

所以，面对人生的选择，不要彷徨，必须以正确的态度保持前进。要知道，正确的态度是你的生存之道。

"我很爱他，但是他的家人反对，我该继续这段恋情吗?"

我会说，如果你真的很爱他，如果你不继续爱他会觉得很遗憾，那就把他的家人反对这件事情看得淡一点，就保持爱他的态度继续和他走下去。没有人知道那困难会有多大，但是你的态度会使困难退缩。

相反，如果你真的很怕麻烦，把他家人的反对这件事情看得很严重，那就不要继续这段恋情了，因为你没有能力去超越它。

"我并不满意现在的工作，但是，这份工作的薪水还不错，我应该跳槽吗？"

当你这么问的时候，其实已经表明你非常在意这份薪水，而跳槽的诱因还不够大，不足以使你放弃它。所以你就把"不满意工作"看得淡一点，把薪水带给你的快乐看得重一点，以这种态度继续做这份工作。

● 你是对的

我很喜欢日剧《大和拜金女》中樱子对她的姊妹们说出她的拜金理由，最后总是对她们说："所以说，我是对的。"

一直到她目视着她的父亲搭乘公共汽车离开的背影，她对她的父亲说了对不起，可回头擦干眼泪，还是对自己说，我是对的。

别人认为她的行为非常不可取，而她始终相信自己必须这么做。

人生所做出的任何选择都不会十全十美，所以你不能够等待方案十全十美才出手。这就像棒球比赛当中，面对两好三坏的局面，打击手只能尽量出手，保住自己最后一次打击的机会。

也许你说，人生还长得很，你有的是时间慢慢选

择。确实，以平均寿命来说，七十多年的岁月确实很长，但再长的时间，也敌不过一个永远不出手的打击者、不下注的赌徒，到最后，你注定空手而归。

面对某些恋情，某些职场纷乱，或许你已经隐约感到不对劲，但还不能判断该怎么做才对，这个时候，你需要听听你内心的声音：如果你喜欢，就留下来，和它正面对决；若是你不喜欢，就走开，找一片新战场开疆辟土。

必须相信，你内心的声音是对的，你做的决定也是对的。

不要想着"要是我做错了怎么办"，人生没有如果，过去与未来也是无法比较的。而我们，终究会为我们的选择，我们梦中的国度，无畏地攀爬向上，直达梦想的彼岸。

●你最想要的目标，才会使你的内心坚定

2013年世界经典棒球赛当中，中国台湾先发投手王建民，再度以零失分的成绩获得世界瞩目。看着这位被日本棒球界誉为"台湾最恐怖的男人"的人，我们很难想象，过去几年他是如何熬过的。曾经有将近一年的时间，他必须忍受着手术后的疼痛，每一日，为了康复而重复一样的动作，忍受一样的疼痛。而那个时候，他所承受着的，是只有5%的概率能再投球

的压力。

结局只有坚持与放弃两个，他选择了坚持，而坚持使他再创奇迹。

为什么他能够坚持？那是因为，他最想要的目标，就是成为一位顶尖投手。为了这个想要的目标，他不会败给受伤，不会败给寂寞，不会败给嘘声。

我们内心能够坚定，正是源自于我们内心的目标。如果不是我们内心最想要的那个目标，我们可能连一关都闯不过，而如果是我们内心最想要的那个目标，就算被打趴在地上，只要一息还在，我们还是会觉得，很有希望成功。

屠格涅夫说：一个人的个性应该像岩石一样坚固，因为所有的东西都建筑在它上面。而什么样的东西，才能使我们的个性像岩石一样坚固，使我们坚定不移地朝着成就与幸福的方向前进？那个东西，就是我们心中最想要的目标。

04 正因为你看不见幸福，你才需要相信

对你而言，你的人生可有可无的事情有多少？

工作可有可无？恋人可有可无？好的衣服和鞋子可有可无？好的朋友可有可无？如果你还没有看破红尘的话，为什么这些世界上美好的东西，对你来说都可有可无呢？

是因为害怕自己得不到？害怕拥有之后要经历种种考验？害怕被拒绝，所以宁可让自己永远处在低标准的稳定生活当中？

假如你从来没有发自内心真的想要拥有什么东西，那么好运怎么会降临在你身上呢？这就好像和众多竞争者在争取一个工作，你的表现像是可有可无，而别人的表现却是非到手不可，那么命运女神会比较眷顾谁呢？

有时候我们没有得到什么好东西，不是因为我们的运气比较差，而是因为我们"不想要"的信念比

"想要"的信念还要强，所以当然是得不到了。

许多人都不会意识到自己"不想要"的信念比较强。可想而知，美好的事物谁不爱呢？问题是，有些人爱到愿意飞檐走壁去争取，而有些人只会坐着想，如果我能拥有就好了！于是在"想要"与"不想要"的拉锯战中，显然"不想要"这一边略胜一筹。如果美好的事物降临了，而你连伸出手的努力都畏惧，那么还能接得到吗？

如果你走过一家精品店，看到一个你此生梦想的皮包，当时你的心里会怎么想呢？

是"我给自己一年的时间在工作上努力，不惜兼职多赚一点儿钱存下来，不惜把每个月买衣服的预算都节省下来，不惜一个月少吃两次大餐，少参加两次聚会……如果这一年我能做到这些事情，我就在明年生日当天走进这家店带走这个经典皮包。如果这个品牌明年不出这个款式，那我会想办法去网上买一个二手的，或把这笔钱留着等它哪天再度上市"，还是"天啊，一个要价两万元人民币！这么贵！我完全不可能得到它。想想看，我的月薪才几千块，又要付保险费、房租，买基金、股票，还要每个月买一些衣服，我就算不吃不喝一年，也买不起这个皮包。我想它和有钱人比较有缘，像我这么贫穷，我看还是连想都不要想了"！

　　如果正在职场上的你，在工作上遇到了升迁瓶颈，认为要回学校进修才能对长远的职场规划更有利，那么你会如何盘算呢？

　　是"我现在年收入超过10万，如果辞掉工作去读研究生，那就一切归零了。不过我很确信，等我花两三年念完学位回到职场之后，我的身价会翻两倍以上，所以这是值得的。唯一要想的是：这两三年我要靠什么活下去？靠积蓄一定是不够的，如果打工兼职半工半读也是办法之一，不过很可能影响拿到学位的进度。想来想去，还是搬回家和爸妈一起住最好，毕竟他们年纪大了也需要照顾，而大家住在一起开销也比较省。虽然这几年压力会很大而且日子会很无聊，可是我认为是值得的。所以，辞去工作再去进修并不是不可行的选择"，还是"我真的超想再去进修的。想想看，这家公司给我的待遇真的很差，几年都没有加过薪水，我的人生可不想埋葬在这里。可是，我有什么办法呢？我每个月的开销和这份薪水刚好持平，如果我没有这份工作，不要说我的保险基金都付不出来了，连吃饭都会成问题。算了，反正这就是我的命，注定要庸庸碌碌过完，没什么好说的。真怨恨当初我妈没有鼓励我继续读研究生，害得我现在后悔都来不及，这一切只能怪我妈"！

　　很多人在自己面临抉择的时候，都会先从逃避的角度去思考。这是人之常情，因为逃避和安于现状，能让人得到比较多的安全感，也代表了一切会"不能更差"地持续下去。所以在我们做决定的同时，会找到非常多的理由、借口，让自己不管怎么推论，都会倾向"比较容易做到"的那个决定。

　　例如：明明是自己不爱的男人，可是因为不想一个人过日子，就找了很多借口继续和这个男人在一起，可是在一起之后又不断地对两人相处的现状感到挫败和愤怒；明明是一个自己很想要追求的对象，可是因为害怕被拒绝，所以就找了许多借口，让自己连第一步都跨不出去。

　　如果这个时候有旁人给予客观的意见，那是最好不过了。只是我们的内心早就有了比较好逸恶劳的决定，所以不管别人分析得多有道理，最后也不能改变你的决定。

　　如果你能够了解自己在做抉择时惯用的思考逻辑和方向，或许就能比较清楚认识到自己老是做错决定的问题在哪里，那真的不完全是命运。建议你找自己曾经做错的一个重大决定，想想自己当初做这个决定时是如何思考的，或许就会发现当时的判断在哪里出了问题，还是判断根本没有出问题，问题在于你给自己的借口太多，所以选择了一个好逸恶劳的决定。

05
是时候想一想了，十年之后的自己究竟要变成什么样子

25岁了，不知道该称自己女孩还是女人，说女孩觉得太矫情，说女人又太风尘。

25岁，看那些十七八岁的小丫头太浮躁，又觉得那些三十几岁的老女人太世俗。

25岁，单位领导觉得你还是新手，新来的实习生管你叫老师。

25岁，不大不小，三年前的衣服还能穿，三年前的想法却早已作古。

25岁注定是个尴尬的年纪……

在年龄概念上，25岁一直以来都是个没有名分的阶段，前有二八年华、双十年华，后有三十而立、四十不惑，单单横在中间的25岁少了件约定俗成的外衣。25岁作为一个特殊的年龄段(也有人认为定义为年龄点更为合适)被提出和界定，也是最近的事情。虽然是否有必要把25岁这个以往被人忽视的年龄"特殊化"的争论还存在，但据北京一家知名调查公司的一项调查表明，在20-30这个年龄段里，25岁是提及率最高的"标志性年龄"，而且很多关于人生的新的困惑和矛盾是从这个时候开始的。

25岁是跨过第二个本命年后的第一年，是下一个本命年的开始，开启了下一个轮回。这个时候，人会无比真实地认识到自己长大了、不小了。算是一个中点吧，跨过这个中点，直奔而去或者说是向其倾斜的是三十而立，责任感和紧迫感突然被提升。但实际上这又的确不是一个心理很成熟的年龄，在接触最多的长辈、同事、朋友圈里，你可能还是个"孩子"。于是你很容易活在一种混乱的感觉里，认识到自己长大了，也确确实实是长大了，可你还不情愿背负"年纪大了"这种说法，只是不敢像以前一样倚小卖小。

25岁是怎样的一个群体？大学毕业一两年，工作刚刚稳定，但还谈不上事业有成；依然充满对自由、浪漫和激情的渴望，却又不得不开始思考人生的一些大事，譬如说婚姻。这个时候该用一场怎样的恋爱来成全自己的感情，成为很多人心里左右为难的问题。是继续爱情的马拉松，还是携手步入红地毯？都说女人的身体会从25岁起拐进衰老期，那么25岁还得不到

婚姻承诺的女人也许就急了，可是男人说，我没事业没房子。另外，注重爱的感觉或谈一场纯粹的精神恋爱，其实很美，但25岁的人究竟还有多少敢为没有结果的感情耗上几年？在纯粹的恋爱里面，成熟的身体又该如何"照顾"？这些都是很现实的问题。

25岁的日子远比23岁的日子更彷徨。如同我在新闻播音台上写下的这么一段话：

23岁的事情真的好谈，就是冲、冲、冲，以为自己是九命怪猫，死了可以复活。但是25岁呢？

在这个后青春期里，你依然气盛，但又被现实萎缩了一点雄心，真正的梦想和现实之间的战争，这才开始。

夜深人静时，你总惦记着那几首没写完的诗、没唱完的歌，沉溺在华丽的青春美梦中，感觉不到时光的流逝。但有时候，你全身上下的细胞热腾腾，好像都不容许你昏愚度过剩下的年岁，你迫不及待地想走出这一团迷雾，看见属于自己30岁的幸福安定。

于是更多时候，变得诡异了，选择极端逃避，以为超越现实和梦想之上，可以安然无恙。但是，这样的选择却将你抛出地球之外，成为卫星，只能在地球边缘运行，再也无法切入轨道。

　　面对单身或婚姻、升学或就业、家庭和自我，25岁的你会特别焦急，尤其在同侪当中的竞争，会让你想要追上别人的脚步，乃至于想超越别人。

　　或许你的朋友比你多一些机会，也恰巧在那个时候把握了属于她的机会，所以她在工作上或感情上的进展就突飞猛进，相比之下会让你自惭形秽。

　　但这就好像有人很快地学会走路，可有人就是比较晚学会走路一样，是很难比较出好坏的，也无法决定未来谁的命运比较好。而且，人生本来就是自己的，如果自己对自己的一切都满意，实在无须和别人比较。每一个人都有属于自己的快乐和满足。

　　许多人在25岁左右时不断地换工作，换男友，过程非常艰辛。可是她可能在某一个时间点里，理清自己的方向，就会安定下来了，不会因为一次的压力、一次的不满，就随便放弃自己拥有的一切。

　　在这个过程当中，要试着给自己一点空间，找出自己的特质、自己的定位。不要拿同侪已经有的成就来逼迫自己，或硬去卡在一个不适合你的工作职位上，或消耗在一个不适合你的感情上，虽然这样一时看来好像不错，好像追得上别人了，可是因为不是你自己心甘情愿的选择，这个压力有一天还是会像火山

爆发一样，一爆炸就会把整个成果夷为平地，让你回到原点。

不要贸然去做没有经过周密思考的事情，只为了"像某人一样成功"，这一点意义都没有。

如果你感觉对现状不满又无法突破，那么也许你应该给自己多一点儿空间，在你现有的资源上先改变做法，再去努力。例如：你一直无法突破工作上的瓶颈，那么你第一个要想的不是换工作，而是查询数据，询问前辈，找到自己可能努力的空间。如果你一直无法突破感情上的瓶颈，那么你的第一个想法不是换掉恋人，而是想想和他之间可能努力的方向。每一件事情你都至少应该换种方式努力过，不可轻易言败。

失败之后也别急着再跳进另一个坑。许多女孩子习惯一个男友接着一个男友地换，搞得自己心力交瘁，夜半醒来突然忘了现任男友叫什么名字。最可怕的是，她就这么被一个又一个不同的男人牵绊了自己的生活和思想，永远没有空间留给自己好好想一想，十年之后的自己究竟要变成什么样子。虽然从两人世界回到一个人的世界里很孤单，但有时候这种孤单的空间是必需的，它能促使你更完整更独立地思考自己，如此才能找到下一段更好的恋情。

既然可以允许自己暂时没有男朋友，当然也可以允许自己小小地失业一下。有些女孩子在经济上无虞，就让自己长期陷入失业状态，这也是对自己不利的，因为它会让你渐渐地失去适应社会的能力；而有些女孩子由于在经济上比较缺乏安全感，所以无论如何都要死抱住一份乏味的工作，就算这份工作没有前景可言。这同样对自己不利，因为你还非常年轻，在职场上有的是资本转换跑道，甚至考虑去进修。如果在你的选择还非常容易的时候，就让自己动弹不得，那么等到有一天你被职场筛选下来的时候，情况就更糟了。

从现实上来看，说25岁的年纪是一个幸福的决战场，一点也不为过。有人说，一定要在30岁之前把自己嫁掉，一定要在30岁之前生个小孩，一定要在30岁之前在自己的事业上站稳脚跟，即使什么都没有，至少也要有一个不动产。为什么这些事情都要在30岁之前完成？除了偏执的心态，实际上也是因为：能让自己在某一方面有个定位，找到自己的位置坐下来享受人生，就完全决定于自己25岁的年纪做了什么，选择了什么，坚持了什么。

在继续阅读这本书之前，我想请你先想想：你现在在做什么？选择了什么？坚持着什么？

06 好的选择，它一定是冒险的

　　幸福是可以呼唤来的，只要随时倾听自己内心的声音，然后要养成不再做好逸恶劳决定的习惯。

　　好的选择就像好东西一样难得，出自于精致做工、天然材质、难得一见的质量、细腻的制作……好东西之所以昂贵，就是因为难得，好的衣服比起大量成衣商品难得，就是因为难得珍贵无法量产。我非常推荐女人都应该认识好东西，即使你不一定要拥有它，但至少应该要能分辨得出它和粗制滥造东西的差异在哪里。

　　好的选择也是一样，它一定是冒险的，如果你没有足够的付出和等待，是不可能得到它的。好的选择通常需要时间酝酿，所以你也不可能在做决定的当下，就百分之百地确定成功的远景（所以许多人在做这种决定的时候，会去算命问卜，补充一下安全感）。因为耗时费工，又不知道结果究竟能不能如自己期望的那样，所以大多数时候我们因为软弱而做出来的抉择，都不会是好的选择。就好比要交往一个很随便的男人很容易，你可以花不到一天的时间就成为他的女朋友，而且几乎从你第一眼见到他，就可以马上确定你不需要花24个小时就能得到他，因为他看待两性关系就是这么随意，来去自如；可是如果你要和一个很有质量的男人交往，就必须煞费苦心，花许多时间了解他，吸引他，进而和他交往，有时候就是非得一年半载、三年五载不可，因为他对自己比较严格，所以才能维持住优质男人的质量。

所以说，如果你总是怨叹自己遇人不淑，倒是可以想想看，真的是命运决定了你的遇人不淑，还是你总是贪图方便吃泡面恋情，才把自己的感情质量吃出了问题。

20多岁的日子充满着彷徨和自我怀疑，其实是很正常的。而随着时间流逝、年龄增长、经历增加，彷徨和怀疑的事情会越来越少，但永不会停止。

要让自己突破一个又一个彷徨，就要勇敢走出去，为自己争取更好的待遇和人生，即使经过短暂的冲突争执，也要用勇敢的态度迎战。

只有"积极"和"勇敢"这四个字，能够帮助你呼唤幸福，远离那些很短浅的抉择。

我们每一个人一辈子都要面对自己的一个问题，那就是：我有没有为自己努力？仍有许多人羞于回答

这个问题，即使是看似很成功的人。年轻女性因为涉世未深，所以不管是在工作上或是感情上，出手都充满犹疑和暧昧，甚至更严重的是，完全不敢出手为自己争取些什么。

每一个女人都应该为自己努力。你的努力不是为了比别人更有钱、嫁得更好，也不是为了满足谁的期望、应付谁的需求。你的努力只是为了自己，如果能把日子过得好，让自己每天开开心心，努力朝目的地迈进，那么不管你身边的人在做什么，是否和你过着相同的生活，对你的看法如何，其实都不需要太在意。你有你自己诠释生活的方式、自己享受人生的方式，何必在别人的眼光和流言里苟且偷生？

每个人都有追求幸福的权利，也有幸福的可能性，都会拥有属于自己的一份幸福，即使和别人不一样。有些人的幸福是事业上的成功，有些人的幸福是家庭上的美满，有些人的幸福是一个人过着贵妇级的生活，有些人的幸福是不断地置产，而有些艺术家的幸福只在于不断地创作……不管你期望的幸福在别人眼中多么奇异，它都是美好的。而且，一旦确定了幸福的理念，不管你的行动开始没有，它都已经在你的潜意识当中播下了小小的种子。如果你每天努力一下，跨出一小步，就等于是为你的幸福浇了水，让它发了芽。

有时候你的努力看起来很失败，失败到自己都以为这个幸福方向根本是错误的、不切实际的，可是其实可以反过来想，失败只是过程，只需要你在这个路径上画个"×"，提醒你下次别犯同样的错误。

你可以在每天的言谈中为幸福的种子浇水：

每天早上，你愉快地对你第一个见到的人打招呼，说不定当时他正心情不好，而你的打招呼给了他一份温暖，他铭记在心。未来这颗善意的种子，会发芽。

你可以在想要挑剔别人错误的时候，用鼓励代替责备，那么等到有一天你犯了相同错误，别人也会对你用鼓励代替责备，或许能刚好挽救当天沮丧得想回家和男朋友吵架的心情。未来这颗包容的种子，会发芽。

你可以在想要责备男人的时候，细心思考两性之间的基本差异，收回你的敌意。因为难保当你在餐厅里想要对着朋友大放厥词的时候，隔壁正好坐着你未来的男朋友，他听了你对男人充满敌意的言论，当场心冷。如果你可以用细腻温和的方式表达意见，结果自然大不相同。这颗没有敌意只有理解的种子，未来会发芽。

你可以在想要说朋友坏话的时候，想想她曾经对你的付出。如此一来，你会在哪天非常需要她的时候，不会因为自己曾经伤害过她，而羞愧到不敢请她帮忙。这颗善良的种子，会发芽！

幸福就是这么召唤来的，你看，一点都不需要求神问卜，只要维持一颗温柔的心就可以把它召唤来。

卡西从毕业之后，一直做着各种行政助理工作。这份工作对她来说并不难，也没有什么压力，就是工资少一点。在五年之内她换了三份工作，同样是行政助理，薪水没增加过。卡西后来投了几份简历去更需要专业的职位，可是因为她过去的就业经验及学历限制，让她没有办法得到这些职务。

这时候卡西开始有一点点危机意识了。她发现自己如果一直做这个工作，没有其他专长，那么等到她年纪更大的时候，这个职务就会被比她更年轻的女孩子所取代，到时候，她连最后一个饭碗也会失去。

她认识到自己唯一的出路就是进修。可是，她非常需要目前这份薪水，要如何放下这份收入去进修呢？

卡西算了一下，如果她非常节制各种开支，那么她可以用现在薪水的一半维持一个月的生活。她估计考证和公务员考试至少要一年，所以她如果可以使用过去的存款及偶尔打个小工，应该可以撑过这一年。虽然辞掉工作这个决定看起来很冒险，可是卡西深深地觉得，如果等到她自己被职场淘汰了，在完全没有准备的情况下被迫去进修，那才是真的冒险。

26岁那一年卡西决定放手一搏，毅然决然地辞去工作，报了补习班。一开始经济生活上的转变让卡西很不能适应，毕竟她得放弃过去许多美食、服装开销，可是卡西坚信这个选择对自己是对的，于是撑了下去。等到半年之后，卡西自己也很讶异，其实她只需要半个月不到的薪水，就可以让自己活下去了，也能适应了。

在咬紧牙关又撑了半年之后，卡西终于如愿以偿地考取了公务员资格，在28岁生日来临之前，给了自己一份生日大礼，那就是——摆脱永远只能当助理的命运。

这一年的时间和空间为卡西带来的，不只是职场上的更上一层楼，还有在离开职场后，回归一个人的平静和沉淀，更了解自己过去都做了什么事情，而未来应该做什么事情。

有时候，女人给自己一点空间是必要的，尤其是在二十几岁的年纪。你在这个时期有许多机会，看起来都不错，可是必须为自己30岁之后的人生着想，你不可能一直依恃着这个好运过下去，必须为自己把握每一个向你招手的机会。如果眼前给你的机会，是碍

于你本身条件而得不到的，那么你有必要做更大的让步，像卡西一样，暂时离开职场，给自己更大的空间去寻找更好的机会。

不要在一个死胡同里绞尽脑汁东撞西撞，有时候，退出是给自己一点儿空间，也是更好的选择。

07 与其空想做梦，不如起而行动

我想告诉你们一个观念，现在你们每天认真上班获取薪水，这件事情叫作"工作"，就是打工族的意思。打工族的意义在于，它是以劳力和青春(也就是时间)去换取金钱。好，那么你的劳力和青春会不会有消耗完的一天呢？会的。所以打工不是长久之计，你必须趁着青春尚好这几年的时间布局一件事情——如何将"工作"变成"事业"。一样是上班换取金钱，但其中意义大不相同，前者是无价值的，你做一天的工资是100元，你做了10年还是100元，为什么？因为你没有使自己得到提升，这个工作只值这个价钱，而且它还会不断地淘汰换掉老人，迎接年轻人进来。年轻人没经验不打紧，重要的是，他拥有更好的体力和更年轻的大把时光。

后者是无价的，当你拥有了一份事业之后，你的收入就会随着你的资历而攀升，因为你是专家，是行

家，你看过听过遇到过的事情，都能带给别人价值，到时候别人少不了你，自然会给你合理的待遇。

常有年轻的女孩子，遇到工作问题来问我：该选A好，还是选B好？通常这两种选择是很极端的，一种是父母亲安排好的，在家乡稳定的好工作，另一种是自己追求的，在异乡实现梦想的不稳定工作。譬如说，有些女生已经在从事教职，但总觉得不满足现状，不是自己想要的，那该怎么办才好呢？

要说放弃就放弃吗？这么做对自己的人生不怎么负责任。当然也有人对你这么说，也有人觉得这么做是对的，结果是快乐的，但我认为那样的人生不是每一个人都担得起的。

例如，你的专业是音乐，你是一位音乐老师，但你总觉得从事这个工作很无趣，"似乎"这份工作也不是你想要的。那么我想请你再去看几件事情。

第一，过去你从事这个工作，有没有获得赞赏？有没有人认可你是一位很棒的音乐老师？

第二，过去你从事这个工作，是否有好好地完成每一次教学任务，做好教案？

第三，当你休息不工作的时候，你还喜欢接触音乐吗？

如果以上三个问题都是肯定的，那么，你可能只是碰到了工作的瓶颈，并非这个工作不适合你。可能是因为给自己的压力太大，需要放松；又或者，你需要的是提升音乐教学工作的质量，让自己获得更大的成就感。

如果以上三个问题，有两个及以上的回答都是否定的，那我也不建议你立刻转换跑道。我比较倾向建议你的是，请你多去广泛地阅读书籍，多去交往不同工作领域的朋友，或者从这些不同的媒介当中，发掘自己的新天地。你需要利用常规工作之余，再去进修你想要接触的工作领域，直到你非常了解该如何去推进它以及实践它。如果你还不懂，就继续在自己的工作岗位上保持良好的工作状态吧。

这个时代教你"追逐梦想"，可是很少有人对你提及梦想需要付出的代价，如果付出的代价太大，最后梦想也会自己破灭，所以要珍惜，要谨慎。去追逐梦想，不是要你抛下所有一切，包括家人、工作、朋友、爱人等，这么大费周章、撕心裂肺才能实现所谓的梦想，错了！当你放弃那些之后，压力变得更大，倘若梦想没让你一步登天，你心中的火很快就会熄灭。

你现在每天的行动，都与你的梦想息息相关，你的努力、你的挣扎、你的思考，都关系你的梦想会如何发展。相反，倘若你贸然撇下手边的工作，只剩下空泛的思考，思考如何去完成梦想。但是没有支点的

梦想，只会使你更怠惰，最后流于空想，最后只剩下怨天尤人，感叹时运不济，惋惜没能得到伯乐赏识。

梦想的成就，是一种水到渠成的境界，这个"水"，是除了"梦"之外，还有实际的行动。所以如果你问我，做什么工作好？因为你只有25岁，我会说A和B都好，只要去做就对了，而做了又坚持下去之后，就一定会好；若是做了发现错了，回头也不会晚。在小地方工作就不能见多识广，就不能有国际观吗？现在互联网这么发达，况且，你也可以借着休假出国旅行，怎么不好？"国际观"是一种虚荣的说词，它实际上就是一个开阔的心胸，加上一颗孜孜以求的上进心。

如果你刚大学毕业，正在找第一份工作，我认为，你学什么就先去从事那个工作，因为在那里比较好入手，你的挫折感也不会太强，也不会导致你沮丧得要打退堂鼓。从事什么工作都要先全力以赴，至少做个两三年，才有资本评断自己适合不适合。找第一份工作的时间不必太久，因为此时你完全没有任何踏入社会的概念，多数想法都是一个大概而已，没有精准的可能，别人也无从告诉你最好的选择，所以你只要尽快地进入这个社会正常运转，让自己熟悉整个职场运作即可。只有熟悉了职场运作生态的人，才有"挑"工作的能力。

女人的25岁，是她20岁之前梦想实践的状态，因为20岁之前有很多不切实际的想法，所以导致25岁的成就平平。如果25岁时的你对生活状态不满足，那么你需要重新调整，以保障你30岁之后的人生。25岁的女人应该更要追求务实，且战且选、且爱且恨、且梦且行，要把两边的肩膀都拿出来扛，一边扛现实，一边扛梦想。

云端，

我站在高处，

轻声地问候另一个我，

告诉她：

幸福会来的！

CHAPTER 02

事业绝对是25岁女人的必需品

25岁注定是女人的一道坎，

女人最有可能在这一年面临干得好还是嫁得好的选择。

灰姑娘没费吹灰之力就遇到了王子，但你不要忘了，

这一切皆因灰姑娘有个神仙教母，可以南瓜变马车，

老鼠变管家。

对于大多数姿色不出众、能力不优秀、

关系不到位的普通小妞，想要嫁得金龟婿，

只有一条出路：努力干活，干出成绩当嫁妆！

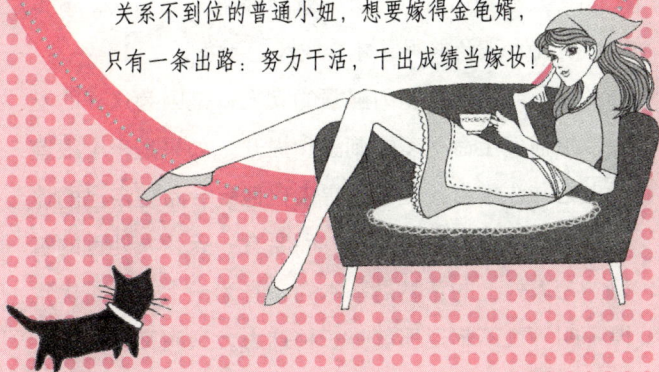

08　强的女人才是抢手货

现在的女人都很独立自主，但别忽略了，其实男人也正在悄悄改变，他们不一定像我们过去以为的男人那样，事事都要主导，都要占上风。

相信我，男人想占上风，都是做给"别人"看的，如果身边的女人是他认为的"自己人"，他不见得需要摆出那种累死人的架子，他反而会比较体贴比较人性化。

女人不要相信自己太强就会吓跑一堆男人，事实上，现在女人要够强，才会成为抢手货。

男人开始喜欢能力够强的女人，是因为这样的女人带给他们生命更多的刺激和提升。如果是一个很追求上进并注重自我提升的男人，他就会希望自己的伴侣不止是一个美丽的花瓶，而要有一点为人处世的智慧。为人处世的智慧是基本的，身为一个女人，优雅得不叫不跳不闹，那就是一种魅力。又叫又跳又闹，

就是把男人的想象空间给毁灭了，当你从仙女降格为普通人，男人清楚地看见了你的雀斑和痘疤，就能掂量出你的价值，给你一个他该付出的定价。

但有智慧的女人是没有定价的，因为男人根本评估不出她的价值，他只能小心翼翼呵护她，免得自己后悔。（当然本文所言，指的都是那些值得投资的男人。）

相信我，当你在不着痕迹地帮助你的男人得到荣耀或骄傲之际，他会特别爱你，这就很像我们女人从男人手上得到钻石和名牌包之际的那种心情。

只有很强的女人才能带给男人他可以应对社会现实的帮助，而这个女人可不能说换就换，因为她会被男人视为他人生企业的合伙人。

●女强人不用装弱

许多女人都以为，要在男人面前扮柔弱，才会得到爱神的眷顾，其实这是很傻的，也是没有正确认识现实的想法。

如果你的职位比男人高，收入比男人高，拜托，人往高处走，男人怎会有对你望而却步的理由呢？你的职位高收入高，正是代表你拥有非常了不起的专业知识与待人接物的智慧，你是人上人，谁不希望和人上人在一起？

其实女强人真正令男人望而却步的，是气势凌人的态度。你心里觉得，自己那么优秀，看别人都论斤秤两的，这样谁都感觉得到你对别人要求的苛刻。结果想接近你的男人就会想，自己的条件能否被你看得起?如果早知道会被你轻视，他们也就不愿意冒险追求你了。

女人强，就可以尽情地展现自己的才能，一点也不需要担忧男人望而却步。

但是你需要在强悍之外再多加一点调味品，那个调味品叫"体贴"。什么是体贴呢?有时候，知而不言就是一种体贴，你看着一个人觉得他很笨，但你不这么说他，这就是一种体贴。

有时候你需要对"效率"这两个字稍微让步，给身旁的人表现的机会。

要知道，如果你的世界只有"你"是圆满的，那并不圆满，你会很孤独。如果你能稍微让自己缺一个角，给别人融入你的生活中，你会过得更快乐一点。

如此并无损你能力的强弱，别人不会因此把你看成弱者，反而会在心里有一种说不出的尊重，那份尊重就是源于你自信优雅的姿态。你还是继续成就自己，只是别忘了同时成就他人，尊重他人，无论在爱情里，或是在工作上，都是如此。

步步逼近只会显示自己的不安，只有潇洒一点，

放开一点，才能展现出强者的风华。

●女人一定要强一点

女人一定要强一点，要拥有强大的心灵能量，才能得到好的爱情，并且好好地经营爱情与婚姻，为什么呢?因为男人的心灵都很脆弱，他们是招架不住风吹的，风一吹来就哇哇叫，男人多数只有向前冲的意志力，却没有什么持久的心灵能量，否则他们怎么会老是犯"全天下男人都会犯的错"呢?所以女人要强，要如柔韧的藤蔓，支撑着他们。

外柔内刚的女人是最能掌握爱情与婚姻的女人，更是能掌握自己幸福的女人。

09 决定自己的人生，是要先决定牺牲什么

年轻的你，该如何决定自己的人生呢？要先记住"愿赌服输"这四个字。

我有时候看见年轻的孩子选择工作，真的是很无语，都要求钱多事少离家近，最好还不受气，他们总是找得到拒绝一份工作机会的理由。

没有牺牲，就没有收获，所以他们往往待业非常久，久得甚至年近中年，社会竞争力已经失去大半。

决定自己的人生也是这个道理，没有牺牲就没有收获，什么都不想失去的结果，就是生命空转，什么也得不到。

我从小就决定自己的人生要自己主宰，不想屈就于男性权威，也不打算拥有一个父权主义的家庭，而这过程中就必须牺牲一些东西，例如我所喜欢的男人刚好非常大男子主义，我就没办法太爱他；我不太会对男人低声下气，我就少了很多以女性立场得到男人

支持的利益。

当我选择创业这条路的时候，我同时也决定牺牲我热衷的名牌包、名牌衣服和水钻鞋子以及每周一次的狂欢聚会，因为没有薪水支持我做那些事情了。

这个过程有遗憾吗？一定会有遗憾，遗憾得不得了，夜深人静，遗憾得心痒痒，可人生不能是多头马车，否则哪里都去不了。

●且行且反省

当然你年轻时的决定不一定是对的，例如你可能决定和某个人在一起，几年过去之后，才知道和他在一起真的是很糟糕；例如你也可能在23岁时投入一份工作中，但那个产业在你30岁之前崩盘，再无更多利益。

但请你记住，你认真走过的路，都不是白走的，那些路养成了现在更睿智、更精明的你，这就是一个好的结果。

你可以用这份睿智去反省过去，用勇气调整现状，再走向更好的未来。

我们不会因为一次决定就定输赢，所以不要得失心太重，但要随时擦亮你的眼睛，看看周遭环境，看看自己是在变得更好还是更坏，随时调整方向、调整脚步。

现在该怎么做决定？

近日王品集团董事长戴胜益先生语出惊人地建议：月收入50K以下的年轻人不要储蓄，应该把金钱资源投入积极拓展人脉、学习专长当中。此话一出，引起轩然大波。

有些人非常认同，例如我就非常认同。我年轻时把钱拿来买书买CD，交朋友，学习语言、音乐，而这些丰富的软实力，成为我往后日子里工作和生活上非常重要的能量。

有些人不这么认为，例如我的母亲那一辈的长者，都信仰储蓄的力量，"好天要存雨来粮"（闽南语）是他们的座右铭。

两者好像都对，又好像都不对。不知道怎么选择的时候，请不要让安全感来选择。不要因为害怕未来没有竞争力而不存钱，而选择投资自己，也不要怕没钱花而选择存钱。因为害怕是一种负能量，因害怕而做出的决定，终究避不开最令你害怕的事情。你要有自己的信仰。

如果你信仰储蓄与投资能为你的未来铺路，你就去储蓄与投资，全心全意把这条路走对、走好。你一定有机会和许多理财专家一样，四十岁之前就靠着投资致富，这是有可能的。

如果你信仰投资自己的价值，那么你就勇敢地

投资自己的学习、创业，全心全意把这条路走对、走好，那么你一定也有机会在中年之前，使自己的职场价值倍增，往后你的职场价值只会随着年龄攀升而非下降。

现在的决定，就是你所相信、所愿意付出代价的那个方向。

10 25岁，有些道理越早明白对你越有利

要干得好还是要嫁得好？

几乎每个女人都参与过这样的讨论，当然，绝大多数的女人会投"嫁"一票。

现在因为大学生就业形势非常严峻，包括在今天的职场上，女孩子也觉得在外厮杀也未必会有好的结局，说不定到最后遍体鳞伤也一事无成，真不如找个好老公嫁了，安享一世清闲。

现在女人的这种普遍心态，除了就业困难的无奈，更多的是一种企图通过婚姻追求自己的价值寻找自己人生归宿的选择。应该如何看待和处理好女人干与嫁的关系呢？有两种观点针锋相对，耐人寻味。

一种观点认为，现代社会，女人要追求自己的幸福，终究要回归自己相夫教子的性别角色，这是由中国历史文化和习俗决定的。男人的价值是征服天下，女人的价值是征服男人。在职场打拼不应是女人的首

要选项或终极选择，这儿是男人的领地。一个女人如果终身在职场打拼，而最终没有在婚姻家庭中找到自己的归宿，从总体而言，她可能被人称为一个成功的女人，却无法说她是一个幸福的女人。

另一种观点认为，女人，首先要干得好，然后要嫁得好，才是真的好。如果只求嫁得好，放弃干得好，这只是暂时的、不确定的。干得好就是要在社会上找到自己的位置，有一份能够安身立命的职业和能够自立的薪水，并能相应完善自己的人格与素养，在这样的基础上你才有可能嫁得好，能够在未来婚姻家庭中有底气有后劲，不会因为自己年龄增长与姿色衰退而变成弱势。干得好不一定必然嫁得好，但干得好有利于嫁得好。女人如果一味强调干得好，不在乎嫁得好，那也难说会如何幸福。

要明辨出两种选择的是非，必须界定"干得好"和"嫁得好"的主要内涵：干得好主要是女人必须在社会上有自己的事业和生活的平台，并积累和养成一种被男人认可的优秀女人的品位和气质。嫁得好是嫁得与自己各方面条件相匹配、被自己倾慕的比较优秀的男人。灰姑娘的故事令人沉醉，原因就在于灰姑娘没费吹灰之力就遇到了王子，然后顺理成章地变成了王妃。但你不要忘了，这一切皆因灰姑娘有个神仙教母，可以南瓜变马车，老鼠变管家。如果你也有个神通广大、通天入地的亲戚，那也有成为"公主"的可能性。

但大多数女人，都是这世上一个普通小妞，姿色不出众，能力不优秀，关系不到位……如此来看，你遇到王子的可能性低得足以令人绝望！

如果按这样界定，我赞成第二种观点，要做一个终身幸福的女人，干得好是基础，嫁得好是必要，也就是说，女人首先要立足自己干得好，然后努力追求自己嫁得好。在二者之间，女人要善于把握机遇，拿捏火候，两好合一，创造和享受幸福，追求地久天长。

11 不能养活自己的"宅女"是可怕的

宅女的产生，有些是来自于消极的人生态度及过于保护自己的父母。有些女孩子认为：如果我不追求华服美食，不追求高官厚禄，只追求庸庸碌碌平凡一生不可以吗？当然是可以的，可是如果连最起码的养活自己的企图心都没有，那就不可以了。

我见过一些已经20多岁但是生活作息却还是像学生的女孩子，她们没有自己的工作，也对生活质量没有更好的追求，她们认为父母亲至少还可以供应她们三餐和网络、电视，就很知足地活下去。有些因为不好意思向父母伸手要更多钱，就干脆不出门，不花钱，不交朋友，把所有人生应该有的生活全部在易趣、网络游戏和聊天室当中解决。她们是很乖巧的女孩子，正因为如此，更令人担心。

以社会变迁和时代趋势的眼光来看，目前的中高龄失业族群已经从过去的五六十岁退休年龄，提前到四五十岁了，虽然这中间还会因为个人的专业能力和资产等有所差别，不过"提早从职场舞台上下来"已成为目前一般人最有可能会面临的困境之一。

20多岁的女生，说年轻实在很年轻，可是要说不年轻了也确实不为过，如果没有及早建立起自己的事业版图，真是会让人捏一把冷汗。

因为从啃老到完全经济独立，要经过很多努力，而从经济独立到完全的人格独立，又是一条漫长的道路。而等到你确实人格独立，具有完全的梦想实践力，又需要花一段时间去实践自己的梦想。许多人到了确定自己梦想的方向时，已经开始感觉到健康及社会压力更沉重了，于是，梦想便成了这一生无法落实的遗憾。

　　葛蕾丝当了几年宅女之后，因为父亲的一场病，年近30的她不得不面对现实出来找工作。当时，她因为过去的工作经验是零，尽管学历很不错，还是遭到了许多公司的拒绝。后来，不屈不挠的葛蕾丝终于找到一份工作，但也很快地感受到职场上的种种压力，包括同事和老板基于她的年龄而对她的过高期待，还有过去她所不曾遭遇过的人际压力，都让她喘不过气来。她说，如果不是为了自己的父亲，她根本不想做下去了。

　　熬了4年多后，葛蕾丝在职场上渐渐地有了自己的天地，也在收入上有了明显起色。她的人生观和想法也随之有了改变，觉得自己是一个有责任心有理想的女人，应该有自己的城堡，照顾城堡里的每一个人，而这个城堡就是——她的家。但是，她的父亲却在这个时候过世了，母亲的健康情况也每况愈下。葛蕾丝说午夜梦回时，她都很悔恨自己那一段逃避人生的日子，如果她能早一点面对属于自己的人生，那么她可以给当时还健康的父母亲多一点照顾，让辛苦大半辈子的他们能早一点享受，可惜现在三十几岁的葛蕾丝，已经改变不了失去的岁月。

有一次葛蕾丝和正在经历失恋的小懿聊天，安抚她坐立不安的情绪。她知道小懿这些年来不断地遇见烂男人，也不断地遇见烂老板，常常让自己的心态处于地狱当中，忐忑不安，不知道该何去何从。在听完了小懿的抱怨之后，葛蕾丝忍不住叹了一口气，对小懿说："至少你现在已经知道什么是烂男人，什么是烂老板了，而你现在才25岁，我真羡慕你。我活到这把年纪了，都不知道烂男人是什么样子，听你的描述，感觉好像是小说当中的情节。"

葛蕾丝在28岁谈了生平第一场恋爱，也在30岁承受了人生第一场失恋；她在32岁的时候第一次面临失业，一直到36岁，她才知道要怎么过她的人生，努力充实自己，让自己多接触这个社会和人群。从和别人"真正的交往"当中，她尝试到了快乐悲伤、成功挫折，并且从当中体会自己应该如何调整脚步，让自己做一个很自在的女人。

一切其实不算晚，葛蕾丝从开始决定为自己的人生负起责任的那一刻起，就拥有了掌握自己人生的权利，不过，每当葛蕾丝看见街上那些20多岁的女孩子拥抱着恋人，或踩着高跟鞋上班，就会忍不住想，如

果人生能再重来一次，她一定不会选择在那样的青春年华逃避，她要勇敢地踏入社会，接受任何考验，并且为了自己所爱、所追求的付出和承担后果，绝不会放任它一片空白。

12 坚持奋斗，就是对自己的最大忠诚

　　不管你目前的金钱来源是爸爸还是男友、老公，或你还是属于完全没有资产的"啃老一族"，都一定要知道经济独立对于自己的重要性。

　　什么是经济独立呢？那就是可以完全承担起自己的衣食住行，不需要依赖家人或男人的金钱。

　　即使是父母给的金钱，在不干涉自由生活的情形下给你，也会影响你人格独立的形成。因为实际上的情形是你没有能力养活自己，你的父母有能力撑起一个家庭，所以他们的意见应该比你的想法来得有价值——你会这么认为。更糟糕的情况是，你认为只要听从父母亲的意见，把人生的选择权都交给他们，那么即使有一天你的人生摔了一跤，也不需要为自己负责任。每次我听到20多岁的女生还在责备父母是如何地给她们不好的影响，导致她们的人生一无所成，我就会觉得很遗憾。如果她们的父母亲真有她们所说的那

么糟糕，那么她这辈子至少要为自己离家出走一次，用自己的方式来证明给自己的父母看，她的想法才是对的。

当然，用这么极端的方式是一种非常手段，也很伤父母的心，如果能用比较温和的手法，像是离家去外地念书工作，或与父母讨论自己独立生活一阵子看看，就比较可行。总之，你实在不应该什么都不为自己努力，却总是把自己失败的人生赖给父母。

多数父母之所以想要对孩子的人生抉择下指导棋，是因为基于他们的人生经验总结，认为这样的方式可以保障孩子们将来独立生活无虞。例如：希望孩子念名牌大学，考上公务员，有一份稳定的收入……这几乎是父母们的一致想法，虽然对我们来说可能很没创意、很保守、很古板、很死气沉沉。而事实上，父母更期待孩子的是"能够保障自己的生活并且过得快乐"，如果你能证明你的选择"能够保障自己的生活并且过得快乐"，相信父母不会强加自己的念头在你身上。

所以你要自由，首先就要证明自己能够经济独立，用自己的方式把属于你的日子过好，不要让父母担心。这包括你必须有一份正当工作，能够自己拿捏财务，并且把自己的生活打理得规规矩矩，健健康康，有计划有远景。如果你什么都不做，却要全世界认同你，那是不可能的；如果你连自己都照顾不好，却要你的父母接受你的生活理念，那也是天方夜谭。

有些女生和家庭关系极差，就干脆投奔男朋友怀抱，找到另一个经济支柱，那更是不利的选择。如果你也正打算这么做，那么我必须劝你打消这个念头。如果这个世界上真的要有一个人来负担你的经济生活，那么第一个选择应该是你的爸爸。女儿受爸爸疼爱和照顾天经地义、理所当然，这种理所当然就算是延伸到法律继承权上面，还是于理有据、于法有依的。能和爸爸伸手拿钱的女人，只能说是她命好，有牢不可破的经济依靠。

即使你对你的爸爸很差，也无碍于你的爸爸无条件爱你的结果。即使你再怎么失败落魄，也无碍于你的爸爸珍视你的情感。

可是男朋友这种角色做你经济上的支柱，往往只是暂时的、有目的性的。许多女人彻底失去自己独立的人格，就是缘起于向男朋友伸手要钱的结果，这让她们从原本是主动爱这个男人，到不得不讨这个男人欢心，只因为这个男人决定了她生活质量的好坏。许多男人都认为，只要他付了钱，他就有权利得到任何他想要的东西，不管他在感情上的付出极少还是对女人多不体贴——这就是银货两讫的想法。一个有独立人格的女人，即使在主动爱男人的过程当中，也会

谨慎拿捏住自己的分寸，不失去自我，可是一旦连经济支柱都转到这个男人身上，女人可以说是自毁前程了。

即使是因为结婚而把经济支柱压在丈夫身上的女人，到最后也可能因为失去独立的经济能力，而妥协在不够如意的婚姻底下。

所以女人必须始终维持经济独立，不是为了任何人，而是为了自己。女人可以暂时没有职场舞台，可是却不能没有事业，没有一点让自己好好活下去的本事，这不是为了要有多少金钱，而是为了要拥有多少自由。

雪莉因为家庭因素，很早就想要独立生活，但是又碍于依恋家庭情感及经济力量不足，所以迟迟没有实行，一直到她认识了凯文，才毅然决然地辍学离家出走，和收入足以养活她的凯文共同生活。

凯文来自于一个破碎家庭，而他之所以可以在很年轻的时候就不愁吃穿，是因为他误入歧途，从事毒品买卖。凯文一开始只是觉得雪莉既清纯又漂亮，很想追求她，没有想到他很快就发现雪莉最大的需求就是离家出走，并找到足以养活自己的方式，于是他几乎不费吹灰之力，就赢得雪莉的芳心。这过程并没有什么追求，完全是因为凯文很早就发现雪莉的需求所在，所以几乎是条件交换式地得到了这个女朋友。

凯文的占有欲很强，他不让雪莉出去工作，而且花了很多钱供应雪莉各种虚荣的需求，长此以往，雪莉也逐渐觉得，自己似乎可以把人生托付在凯文身上。她专心当一个"男人背后的女人"，即使凯文出入的场所非常复杂，也时常三更半夜不回家，甚至知道他和其他女生有暧昧关系，雪莉也都忍了下来。

可是凯文却一点都不珍惜雪莉对他的付出。对凯

文来说，雪莉只是类似他所饲养的一条小狗而已，并没有女朋友或同居人的地位，所以凯文甚至把其他女人带回家来，让雪莉终于忍无可忍。

雪莉在分合几次之后，终于对凯文死心，搬出那个曾经称之为"爱的小窝"的地方。可是离开凯文之后，雪莉完全失去了人生方向，因为她没有完成的学业及空白的职场履历，全都投注在这八年的乞食之中。她说，她的青春被绑架了，回想起来，一点都不值得。

13 聪明的女人只要能掌握自己，便可以赢得整个世界

女人唯有经济独立，人格才能独立，而只有人格独立了，才有能力为自己的人生决定方向。

很多20多岁的女生不知道自己的人生方向在哪里，即使她很清楚她的工作展望、爱情行程表、自我满足的功课表，可就是不知道自己的人生该何去何从。

从以下的谈话当中就可以知道了：

"我很想结婚，但是我找不到一个又高又帅、有钱又爱我的男人。"23岁的小苹说。

"我在这个工作上的表现不错，以后应该有机会升到管理阶层，到时候我的年薪就破十万了，可以让生活质量更好。"26岁的妮妮说。

"我和JJ不结婚的原因是我不想生小孩，可他又是独生子，所以我们两个人就干脆这样算了。"25岁的莎拉说。

"我在工作和家庭之间很两难，比如说我很想到

另一个比较有挑战性的部门去，但是老公不喜欢我过于忙碌，他认为这样我会无法兼顾家庭。"28岁的小叶说。

这些困扰听起来好像都很理所当然，很麻烦，可是如果这些女孩子可以在更早之前让自己的人格独立，那么她们类似的困扰就会少很多。

让我们来看看这些人格比较早独立的女孩子是怎么说的：

"身边的朋友都认为，我拒绝了像麦可这么好条件的男人，简直是疯了，可我一点都不后悔。麦可是一个优柔寡断的男人，和他真的在一起一定麻烦不少，而我不喜欢处理不应该属于我的麻烦的事情。"

"虽然老板给我画了很大的一个饼，可是我认为这个饼是不切实际的，未来我想自己创业，我已经想当服饰店老板娘很久了，即使为了这件事情三餐不继也不在乎。"

"他说他会养我一辈子，可是万一他失业了怎么养我？我才不会因为这种话而辞去工作，虽然其心感人。"

"我们一开始就没有生小孩的打算，就算他是独生子又怎么样呢？我们的想法和观念都一致，谁能强迫我们做什么？最重要的是，人生从这一场开始到下一场，都是我们自己的。我们两个人连养老院都看好了。"

"我不觉得女人一定要结婚，因为我的个性不适合婚姻，我很清楚我自己只喜欢不断地恋爱，也很清楚我的美色会随着年龄逐渐减分，但是，这些疑虑都不足以构成我想结婚的理由，也许哪一天会去结，但绝对不是现在。想说服我去结婚？省省吧。"

有一次我听完朋友说的种种困扰，只对她说了一句话："人生是你自己的。"

她说她现在处在各种非常两难的情况，这样做也得罪人，那样做也伤害人，而我只想知道，究竟她心里想要怎么做。答案很简单：

如果你目前的男人和你理想中的对象差很多，就甩了他；如果你实在太爱这个男人，爱到你觉得就算他没有那么理想也无所谓，那就更爱他一些。如果你想要这个对你而言充满魅力的男人同时具备你理想中男人的条件，那么你实在是在和自己过不去，也在和你的男人过不去。

这就好像有个男人声称很爱你，却一天到晚嫌弃你的发型，你也会很想揍他一拳叫他下地狱，骂他搞不清楚状况一样。

就算所有亲朋好友都警告你和这样的男人在一起下场会很凄惨，但是如果你的人格够独立，根本不会因此而变得摇摆不定，就算你哪一天选择分手，也不

可能是因为大家都说他不好，而是因为你不爱他了，你想甩了他。

许多女生都在问：我这样做究竟好不好？我这样选择究竟对不对？我有没有可能有幸福的人生？所以到处求神问卜，算塔罗牌，看星座运势，问老天爷，甚至想问问魔镜，希望它们能直接把她各种选择的结果显现给她看，好让她不会选择错误的、不幸的事情。她们的内心永远充满忐忑不安，是来自于对自己没有自信，也对于自己的选择没有自信，如果她们遇见了不好的事情，就会把责任推给父母、男人、老板、命运及各种她们所能想象出来可能主宰她人生的东西。

我这么说不是要让你检讨反省自己的行为抉择，而是要告诉你，你有能力让这一切变得更好，请你去寻找自己这样的能力，找到自己独立的人格。

人格独立的女生不会这么摇摆担忧，虽然你烦心的事情她们也会有，你所不知道的未来她们也不知道，可是她们会有一种信念让她们赢得幸福，那就是："我认为这个选择是最符合我的人生目标的，即使是最不符合的，至少也是我最喜欢的。我知道这么做可能会很好，可能也会不好，但那又如何呢？至少我已经做好最坏的打算，如果最坏的结果发生，我还可以做些什么事情让自己好过些，我当然可以这么做，为什么不呢？"

　　所以，成为一个人格独立的女生是多么棒的事情！如果你得到了人格独立的证明书，你就可以自由地、随心所欲地做任何自己想做的事情，不管别人如何恐吓你，对你咆哮，对你指责，都不会左右你的一点点心思意念，就算所有专家都告诉你不应该这样那样，但你就是可以气定神闲地回他们一句："我的人生我做主，而且我会用我的努力证明，我才是对的，你们说的是概论，但不包括我这个特别的女人！"

　　几年下来，米雅一直和男友在结婚与不结婚之间进行拉锯战。米雅想要结婚，但是男友无法搞定自己的家人，两人又爱到不可能分手的地步。一开始米雅也被这种困境搞得心烦意乱，可是后来她想通了。她说，这件事情根本不是她能解决的问题，所以也就不再烦恼这个问题。无论结婚与不结婚，这个男人一样爱她就好了。她开始把心思放在其他能解决的事情上，例如：她的事业、家人、动产和不动产，几年后，在她的努力之下，这些都达到了非常理想的状态。虽然米雅和男友之间的"婚"问题还是无法解决，可是这完全不影响米雅对自己人生的自信态度。

　　而这种自信有多重要呢？这种自信强大到，即使有一天米雅失去了这个男人，她也不会失去自己已经得到的人生目标，也不会失去再度追求爱情的能力。这种自信，会让她即便经历失恋的寒冬后，还能再拥抱下一个春天。

　　你说米雅和男友之间的感情还没有结果，等于原地踏步吗？那也不是。因为几年下来，他们早已培养出比夫妻更牢固的情感，确信了彼此是这辈子唯一的选择。

　　二十多岁的女性通常给自己很大的压力，像是工作上的冲刺、存款数字的爬升，或是恋爱婚姻的完美主义，都是造成情绪负担的主要原因。

　　烦人的事太多，没有头绪，也不知道如何解决，于是就容易让自己长期处在混乱的生活当中，久而久之，不知道自己在做什么，不知道人生目标在哪里，忧郁症就找上门了。

　　有责任感绝对是一件好事情，但有责任感绝对不是仅把某件事情放在心上，更重要的是找到解决的办法。如果你暂时找不到解决的办法，就要先放下它。因为你的责任一定不仅止于这一件事情，你不能够让这一件事情影响你的情绪，打乱你的生活。

　　以前总是被教导每个问题都有答案，所以在面对每一件事时，才会如此困扰，像米雅这种感情上的无法解决的问题，或是现在许多年轻女孩的工作选择问题，或是家家那一本难念的经……我们都期望想出十全十美的答案，能让人拍手叫好、拍案叫绝，叫自己死而无憾的那种答案。可事实上，人生只有在很少数的情况下，才有这种答案（例如：你想吃刚出炉的甜甜圈，结果真的碰巧运气好，就买到了），大多数的答案都只能达到"还不赖"的地步，而还有一小部分的答案要等老天爷给，所以这个时候，你就要大声地对自己说："算啦！不管啦！"

16 结不结婚，都要做好退休 规划，这才是成熟的女性

虽然老一辈的人都会恐吓我们，如果没有结婚，小心晚年堪虑。对于结了婚的女人，老一辈的人还会持续恐吓，如果没有生小孩，小心晚年堪虑。于是乎，我们的结婚和生子抉择，似乎都是在受到恐吓当中决定下来的，这样想来实在有点悲哀。

事实上，动动你的大脑想想看，从结婚这件事情延伸到退休养老这件事情，其中的关联性也实在扯太远了，虽然听起来好像有这么一点道理。我们应该这么看这件事情：结婚、生子可能对老年生活是有帮助的，但也可能不是，反而是有伤害的，因为没有人能帮你打保票，你的另一半必然陪你到老，你的子女必然陪你到老。如果是为了退休规划，而把所有心力都往里面投，结果不一定理想。

如果我们结婚的出发点不是因为爱着一个人，并且想要和他白头到老，那么这个婚姻本身必然会遭遇到比一般婚姻更多的问题，也会因为没有爱情的联系，导致两个人会很快地放弃婚姻枷锁。生孩子的问题也是，如果这不是一件你打从心里就喜欢愿意的事情，那么若是在日后遭遇到各种困难，就很容易让你心烦意乱。

把结婚和安然退休这两件事情挂钩，很容易影响你的基本判断力。如果总是认为结婚才能够保障自己什么，那么就很容易失去各种人生的可能性，也失去追求其他对你保障更好的可能性，像是维系自己的事业和专业能力、维系自己照顾自己的能力及维持自己和新信息的交流。

目前因为单身年龄层不断上升，比例也急速升高，所以各种社会福利和产业都转向提供单身族群更好的退休计划，未来所谓的银发族产业应该也会非常蓬勃，所以如果你是坚持独身的不婚主义者，可以多吸收一些类似信息，给自己做好退休计划。

如果你非常渴望婚姻，只是暂时没有遇到好对象，也不需要着急，只需要打开你的心房，多多看某些人的优点特质，并且确定自己想要的生活是什么样子。结婚这件事情也没有时间表可言，主要还是在于你自己是否在做这件事情的时候，彻底想通为它负责到底。而所谓的"负责到底"的意思是，你已经决心

努力让这个选择成为自己的幸福条件，并且朝着自己理想的方向前进。

婚姻不应该和金钱、外表、退休生活挂钩，虽然很多人都会告诉你，一个拥有好条件的婚姻，对你的人生有加分的作用，不过身为现代女性应该要跳脱出这种依赖的思维，并且看清楚各种好条件背后的陷阱，才能让自己真正享受生活，享乐人生。

15 为了幸福的缘故，请娇养好自己

　　女人苦不得，因为苦会变成一种生活模式、一种习惯、一缺吸引苦来跟随的磁铁，所以女人要娇养。如果你很幸运，有一位富爸爸把你娇养好了，那真是天大的福气，以后婚姻也不需要担忧。

　　怕的是多数人没有一个富爸爸，自己又没办法好好把自己娇养起来，那就前途渺茫了。工作随便的女人，事业就摇摆不定，收入也很有限，这样的女人没有办法娇养自己，只能省吃俭用度日。

　　我们会说节俭是一种好习惯，但不会说吃苦是一种好习惯。只有经济上有余力的人才能说自己节俭，那个节俭的意义，最终是满足的，只是满足于未来的一个梦想，例如买房子、养老等。经济上拮据的人可没有资格说自己节俭，因为这是被迫的，不节俭还能如何？去借贷吗？

　　但即使是节俭，女人也不应该选择过苦日子，应

该适度花费。不要轻看你身上穿的衣服、脚上踩的鞋子、嘴里吃的食物，它们都能决定你的未来。你宁可花多一点钱，买少量的好东西，也不要买尽便宜货，一定要娇养自己。

如果你连少量的好东西都买不起，那么你要提升自己的工作价值，让自己更努力工作、更努力提升，让收入翻倍才对。

不要想王子会来拯救灰姑娘这种传奇，这时代连王子都需要被拯救了，你还在做什么大梦呢？更何况，现实生活中，王子看见公主的速度，绝对比看见灰姑娘来得快，因为他们同处一个生活圈，但灰姑娘和王子不是。

女人求的不是嫁入豪门(那种千万分之一的概率是命，非人力所能及，也并非每一个女人都想嫁入豪门，绑手绑脚过日子)，但实际一点，至少要嫁给一个"看得起自己"的男人。想想看，如果你身上穿的、戴的、用的、吃的，都是几块钱的便宜货，那怎样的好男人会来找你？

好，男人是这样的，他们追求女人有两大要素，第一个漂亮，第二个好入手不麻烦，然后男人还有一点自信，他们如果只有50分，就会去追60分的女人，但70分的女人就太费力不考虑。也就是说，如果你是一个看起来只有60分的女人，那么就会吸引50分的男人来追求你，70分的男人要娶你。

美丽是必需的，但如果除了美丽之外，你看起来只有30分，从身上的便宜货看起来只要30分就能满足，从谈吐听起来只要30分就能满足，那么你身边就会出现很多很多20～40分的男人，他们都可能成为你此生的终身伴侣。你怕了吧？最可怕的是，这还不是最糟的，还不是谷底，因为这是一个负向运作的循环。如果30分的你配上20分的男人，那你婚后会变成20分的女人，因为男人只有20分，你婚前吃穿用度都很差，婚后只会更差。如果30分的你配上40分的男人，那你婚后最多只能与婚前持平，因为男人不会把他的40分都给你用。

这种案例枚不胜数，有太多好女人，省吃俭用的女人，最后都碰上了不及格的男人。譬如单身时连件像样的衣服都没有的女人，她就容易碰上没有财力的男人，甚至要靠女人而活的男人。男人看出来女人赚那么多钱，也舍不得花在自己身上，看准了她是一个不爱自己的女人，他就来帮她花钱。女人为别人着想是善良的表现，但是只为他人着想，就是不爱自己的表现。

女人没有富爸爸没有关系，反正多数女人也没有富爸爸，但是当女人开始独立工作赚钱之后，一定要适度地好好享受自己的辛劳所得，不要这个也舍不得、那个也舍不得，因为，在"舍不得"的纠结当中，她已经向世人告知她不爱自己的本质了。

你都不爱自己了，能吸引到爱你的人吗？

就在前方，
有风浪有坎坷亦有悲伤，
但更多的是幸福和理想。
满载憧憬的小船，
开始飘荡。

CHAPTER 03

美丽永远是女人的万能钥匙

25岁，是一个女人应该开始与岁月斗争的时候了。25岁以前的脸蛋是父母给的，25岁之后的脸蛋是自己的，你再也不能吃天生丽质的"本"。

我们不是生来就是女人，而是要学着做个女人。自信和美丽，如果之前的25年你没有努力修炼，那么过了25岁也不会有奇迹出现。

16 25岁还质疑"以貌取人"的天性，那就太天真了

　　我非常欣赏某种传统的中国女性，旗袍、盘头、高跟鞋，这没有什么了不起，了不起的是，她们到了非常年老的时候，还是坚持梳妆打扮好才出门。这个时候，她们已不再是青春年华的少女，也并不追求异性带给她们第二春，可是依然会把自己打理得干干净净，才肯出门见人。

　　我的外婆就是这样的一位女性，即使老到行动不便，每天起床一睁开眼睛，就是刷牙洗脸，把自己的头发梳得整整齐齐，擦上一点粉底，才开始她的一天，数十年如一日。她从20多岁就丧夫，这一生没动过再嫁的念头，可是这一点也不影响她慎重装扮自己的执著。

　　她最常挂在嘴边的话就是："女人一定要会打扮自己，不是为了男人，而是为了尊重自己。"

　　不管你对时尚信息了解有多少，有没有能力把自

己打扮得很好，都必须注意自己的外表，从头到脚地注意自己身体每个部分的演出。

再怎么努力都比不上名模那么漂亮也无妨，至少你传递给了那些有机会接触你的人一个信息：我很尊重自己，在乎自己，所以请你也要试着多尊重我。

如果一个人根本不注重自己的服装仪容，那么即使她是一个超级无敌专业的工作狂，也很难令人信服——对于自己展现的身体都这么忽视，还能多重视什么其他的呢？如果一个人根本不注重自己的服装仪容，那么和她第一次接触的人（也许只有那么一次接触机会，只能从外形谈吐上决定对她的看法），也无法认同她的想法，而且会认为她对自己的生活管理得不够好。

可以想象，每天都睡得很晚，所以来不及梳妆打扮，或是没有整理家务的习惯，导致衣服穿来穿去就那几件，而且看起来皱巴巴的，这是每一个人对于第一次见到邋遢的人的想法。

你或许会说，一个人的内涵才是人和人相处的基础。可是，就如同我上述的，如果你和这个人只有这么一次机会见面，如果这次机会就决定了工作上的成果，那么外形的基本鉴定，能不重要吗？

如果在外形上表现得很得宜，也可以过滤掉一些不好的人。既然你重视自己的装扮，让人看起来高不可攀，那么某些不好的人就没有自信接近你，而来接近你的人，至少是那些有自信和你一样尊重自己的人。

以前，艾丽斯想穿什么就穿什么出门，因为年轻貌美，所以不管如何邋遢，看起来都别有一番风韵。艾丽斯习惯穿贴身清凉的衣服，因为她自己感觉最自在。平常，她就穿着居家服和短裤出门买东西。她常常遇见一些很不入流的男人向她搭讪，而她自己喜欢的男人，看起来又拒她于千里之外。她不大能理解：分明自己不但人长得漂亮，身材又好，但为什么条件极好的男人都没有来接近她，来的反而是那些不入流的男人呢？

因为艾丽斯没有在适当的场合慎重地装扮自己。她只当自己还是学生，穿了任何衣服都可以去上课，就和其他同学一样。可是，艾丽斯现在所面对的对象已经不是学生了，而是各形各色的社会人，他们不认识艾丽斯，把她看成一个完全的社会人，有自主能力，能从各方面表达自己的社会人，包括装扮。所以如果艾丽斯再不从自己的装扮上下功夫，这些没有深入认识她的人，只会认为她是生活态度不好，所以不注重自己的服装仪容。

当意识到这一点之后，她就开始在自己的外形上

下功夫，让所有人第一眼不只是认识到她的美丽，还
有她的自重自爱。

17 明确你最想要表现的自己是什么样子

虽然当今社会信息已非常发达，追求时尚流行也成为全民运动，可却只有极少数女性懂得打扮自己。因为在流行信息的强力灌输之下，许多女人只知道追求某种形象或样式，某个杂志的偶像和模特儿，跟着某种流行发型、服饰，追逐鞋包，却很少从心里真正了解自己——我最想要表现的自己是什么样子？

能够找到自己想要表现的样子，才是真正了解自己，而了解自己，就是20多岁女性首先应该重视的事情。如果这件事并不急着立刻完成，可能经过一段漫长的岁月，都还不能够找到真正的自己，而偷懒地让自己照搬某个明星的形象。

我们必须知道，当你的装扮最适合你自己的时候，就是你最美丽的时候，而不是你打扮得最像哪个明星时才是最美。

　　每一个女人都是自己人生舞台的明星，你自己建造舞台，也给自己最得体的装扮。当你把这两件事情都做好的时候，必然闪闪发光，有众多粉丝跟着你，为你喝彩。

　　你可能追求自由奔放，可能追求稳定踏实，可能追求温暖热情……这种追求就是你自己，所以你的打扮也必须表现出来，让人一看到你，就知道你是个什么样子的女人，在人群之中卓然出众。你可以穿简单的T恤，也可以穿浪漫的洋装，更可以穿正式的套装……在任何场合，都必须抱着作战的意志力，确信这样的装扮可以令自己更出色。你必须让别人看见，是这些服装在为你的个人特色加分。

　　所以你不需要硬把自己塞进小一号的衣服，或让你的身材更显难堪的服装，不小心就让人家感觉：这衣服给你穿，真的可惜了。

　　找到自己的品位，就能找出自己的定位，而服装杂志只能作为参考，不一定要奉为圭臬。

18

漂亮的女人男人都喜欢，就如女人都想拥有漂亮的物品

对于漂亮的女人男人都是喜欢的，就如对于漂亮的物品我们都想拥有一样。

无论你走在街上还是坐在公交车里，无论你在咖啡屋休闲还是在单位工作，你都会很容易地看到女人们现场的画眉描红和施粉化妆的瞬间情景。

有多少人相信"女为悦己者容"这句话？我不信，至少是不全信。也许是在感情刚刚开始的时候，外表会显得尤其重要些，女人们也自然从头到脚着意渲染一番自己，为自己的天生丽质再来点锦上添花，以饱心爱之人的眼福，姿色平庸的女子，也往往会煞费苦心，用尽优秀的包装来满足恋人的视觉感受，所以说恋爱中的女人最美，一点都不夸张！

可是，当风花雪月渐渐沦为柴米油盐，最后直至老夫老妻的平淡生活里，是不是每个女子都还能保持那份高亢的激情呢？或者还是在为另一半展示孔雀开屏的鲜艳夺目的自己呢？那时，彼此不再新鲜不再有激情，随着距离感的消失，如花美眷也摇身一变成为了"黄脸婆"。不经意间，红颜就此老去，那些男人们于是变成了哀叹，美丽原来都并非永恒，然后便有人急不可耐地奔向新的美女娇娃。

俗话说，世界上没有丑女人，只有懒女人。如果女人的精心修饰不过是为了一份虚荣的赞美或者肯定，就更像一个预设好的骗局，一时骗得了他人的心，蒙住了他人的眼，却始终不能持久一世，会有累了的时候，那时也就懒散起来，卸下伪装开始打发自己的光阴。

女人真实了，也真的没了那份刻意雕琢出来的美丽了。我想那时她们会在心底里暗想，反正做秀也骗不得自己，又何必这样累呢？是的，一句何必，顿时让人生失去了许多意义，自私一点说，假如美丽并非一种包装，而更是一份心情，那样去追求美丽，其实更属于女人和适合女人。

美丽还是为了自己，可以陶醉在蕾丝花边中的清香和典雅，也可以是盈盈眉间流露出的三分妩媚，可以是娉娉婷婷的倩影如花，也可以是素面朝天的神清气爽。每个人都有着最适于自己气质的包装打扮，当外表成为一种陪衬盛开着，只有我们谈笑风生中无遮拦无顾忌的灿烂青春。

选择对的，其实并不容易。因为女人都是虚荣的，所以会忍不住尝试别人的包装和别人的风格，也算是一种试探吧。只是，别认为自己总是一成不变的，女人的善变，可以说几乎是全世界的公理，当在青春的旋涡里坦然享受矛盾和冲突中已是似水流年，时间不可静止，也无从停顿了。

当美丽成为一种习惯的时候，还能记得，这一切的初衷，是为了谁？自信的笑，往往源于心底对自己的欣赏；美丽的女人，是最懂得疼惜自己的尤物。自然，尤物更是男人们所追宠的，是积极而主动的。每一天，当你睁大眼睛左顾右盼，那街头巷尾的美女如云，纵然能够一时牵引男人们的视线，却又有几位，能够牵得一世一生呢？

相信我说的话吧，美丽是为了自信，也是为了独立，为了不愧对今世你生为女子的那份似水般的柔情。美丽不仅是为了博得大众的喝彩，更是为了让你自己神清气爽、心旷神怡。所以，每天清晨，当你拉开衣柜的时候，不要拒绝那份自然纯真的率性选择，能做回你自己，是一个女人的福分，能够为你自己而绽放，更是生命的馈赠！

19 "等我减肥成功再穿漂亮衣服"的念头是完全没有必要的

　　许多身材没有那么纤细的女人，最喜欢穿宽松的衣服遮掩身材，不管衣服买得再多，一律都是运动套衫，差别只在于颜色和细节。其实这非常可惜，根本没有必要隐藏身材到这种地步。

　　因为即使你没有纤细的身材，你还有青春富有弹性的肌肤，还有红润充满朝气的气色，这就是你值得好好装扮自己的理由。即使你不能作为最妖艳的玫瑰花，也不要放弃让自己成为一朵可爱的小黄花。

　　当然，抱着"等我减肥成功再穿漂亮衣服"的念头也是没有必要的，现在已经有许多商店贩卖较大号的漂亮衣服，这是很好的选择。或许有些人会认为，走进大尺寸服饰店购买衣服也太没面子了，难道不是昭告天下"我就是一个胖子"吗？其实不是这样。

　　凯丽是大家公认最会打扮自己的女性，她的身材中等，并不特别纤瘦，可是她的每次装扮都令人惊

艳。有一次，胸部比较丰满的爱咪抱怨她穿某种款式的衣服不好看，凯丽就很帅气地告诉她，去买大一点尺寸的就好了。爱咪也是身材中等，只是拥有比较丰满的胸部，这使得她很不容易在一般淑女服饰店买到适合她自己的衣服，因为衣服总是在胸前卡住，而大一点尺寸的衣服，就解决了她的困扰。

所以说，购买大尺寸的衣服并不代表自己的身材不够优秀，因为像爱咪那样大家都追求的好身材，一样也是需要大尺寸衣服协助的。

身材纤瘦的优点，就是能够依照流行趋势而选择更多打扮方式，但是身材不够纤细的女人，依然有很多方式呈现自己。如果你有够充裕的资金，找个设计师为自己量身打造最适合的衣服也是不错的选择。

总之，女人就是不需要把自己卡进某个数字标准的洞里面，禁锢了自己的人生。如果你看起来漂亮、明媚动人，谁管你的体重究竟是45千克还是55千克？如果你看起来没有自信，灰灰暗暗的，那么即使瘦成纸片人的样子，一样难以吸引别人的眼光。

20 小心翼翼地成为别人而不做自己真的很可惜

一样的事物，在某些人眼中可能没有什么，很平凡，而在某些人眼中，可能就是闪闪发光。

我很喜欢看见别人在面对某件事物（例如：他喜欢的人、喜欢的工作、喜欢的衣服或鞋子），眼睛喷发出光芒的样子，那是一个人最美的时刻，而与此同时，我也觉得，他所喜欢的那件事情，就是世界上最棒的事情。

有些人说起政治就滔滔不绝，有些人说起衣服就激动不已，有些人谈到工作就扬扬得意……这就是他们最美丽的时刻，也是最吸引人的时刻。

所以，如果你看待自己是世界上最独一无二的，你非常爱自己，如同爱你的衣服和包包一样爱自己，那么你所散发出来的魅力，就是难以想象的。

"每一个人都是明星"这句话虽然听起来很像安慰辞，实际上却是难以反驳的道理。我们必须庆幸，

自己不像世界上任何一个人，不是能用任何标尺测量出来的，而是那样的独特。

有时候你害怕与众不同，想要追随别人的脚步。例如：大家都结婚了，于是你也想结婚；开始流行姐弟恋，于是你也想要一个小男朋友……以为全世界的人都做的那个选择才是对的，于是你放弃了属于自己的可能性；偶尔你也会害怕自己的样子和特色，无法像时尚潮流那样的规格化，认为自己不可爱、不好看，很想成为别人的样子，以为打扮和街上的女人不一样，不小心就会成为恐龙。这么小心翼翼地成为别人，就是不做自己，真的很可惜。你还如此年轻，并且拥有那么多选择权，为什么不尝试着让自己拥有各种可能性，从各种角度切入，一直试到自己觉得舒服的位置再坐下来呢？

为什么非要把自己的身体塞进一件不合身的衣服里，把不舒服的责任赖给自己的身体而不是选错的衣服，而且一辈子都和自己格格不入地相处着？你一点都不需要这样做。你有权利选择一件合身又好看的衣服，最重要的是，穿起来也很舒服。

你可以为自己量身订做自己的人生，只要你不怕失败，勇敢尝试，勇于追求，然后永远不放弃地充实自己，发掘自己，让自己成长，那么你会一次又一次地感受到自己内在的力量，你会得到自由自在的心情。

咪咪一直认为自己会在25岁嫁给自己的男友，但没有想到这个男人竟然有了别的女人，这段感情以分手收场。于是，咪咪开始疯狂地陷入检讨自己的地狱当中，她自认对他的付出绝对是百分之百无可挑剔，既然如此，为什么这个男人还要变心呢？咪咪在见过男人变心的对象之后，发现对方是个十分温柔的小女人，需要经常被呵护、关爱，相较于咪咪对男朋友，总是充满大姐气地照顾他，咪咪自认为自己是比较不可爱的。同时，男朋友喜欢的对象是甜美型的女孩子，而咪咪是比较洒脱型的女孩子，相较之下，咪咪觉得自己不够好。

咪咪希望自己能像男朋友喜欢的那个女孩子一样纤瘦，所以开始拼命减肥，希望自己变得比那个女孩子漂亮有魅力，让男友后悔。

咪咪在力行减肥计划的第一周，就在偶然的情况下认识了杰克。杰克对她一见倾心，便展开穷追不舍的追求攻势。刚开始咪咪被杰克的热情吓坏了。虽然咪咪的异性缘本来就很不错，可是第一次遇到如此强烈追求的男人，她怎么也想不通这男人到底是被她哪

一点吸引了。

很快地，咪咪就被杰克的真诚打动，也不再减肥了，照着原来自己喜爱的方式生活，而杰克似乎也没有意见。有一天，咪咪好奇地问杰克，究竟爱她哪一点，结果杰克告诉她，他觉得所有的女孩子当中她最特别，这世界上有很多女孩子能被取代，但是咪咪很特别，无法被取代。

21

25岁开始对自己30岁之后的容貌负责

你会发现现在有很多女性已经不受限于年龄，她们逆龄生长，例如多年前我曾经在台北街头见到已过不惑之年的伊能静，从背影看起来，她和少女一样，容貌更是维持得好过20岁的女孩。

也有许多女性不受限于体重数字，她们依然艳压群芳，例如号称体重有60千克的范冰冰范爷。

这样的女人，仿佛具有一种魔法，能够超越体重和年龄，而兀自潇洒地美丽着。或许她们对于保养自己有一套方法，也很懂得展现自己的特色，但是，这还是不足以让任何女人都能抵抗地心引力和岁月痕迹。

真正能让女人超越这些的，是内心的力量，是一种充满爱与天真的能量。女人心中有爱，能够保持开放平和的态度，随时为他人付出、关怀他人，那个能量能帮助体内释放回春的荷尔蒙。女人心中有天真，

能从一粒沙子或一朵花看见一个世界，那会令女人保持源源不断的创造力与活力，那种创造力能帮助女人重返好奇心的亮泽眼神、上扬的眼角。所以说，真正能令女人美丽的秘密，是内心的爱与好奇心。

097

天生丽质的女人并不多见，即使是天生丽质，到了25岁这个生理时辰的分界点，也会逐渐走下坡，岁月毕竟是公平的，也是残酷的。可以说，女人到了25岁之后，无论是否天生丽质，都会回到同一个竞争的起跑线上，往后的容貌将如何，就取决于你的身心状态是否够好。

25岁之前的美丽和气质，来自于你的家庭环境养成、求学读书的洗礼、交友影响的力量，在这个时候，你便展现了雏形。至于25岁之后，你会变成什么样子，就看你如何经营自己的生活，选择自己的朋友以及如何面对自己的工作和爱情了。

首先，必须让自己的生活充满快乐，快乐是最好的滋润剂，当你快乐的时候，全身的细胞都是欢愉的、有活力的，所以女人25岁，不能让自己继续沉浸于不快乐的恋爱当中，如果那个男人让你活得不快乐，你就甩掉他，才能保住你的快乐和青春气息。

不要不信邪，不要去执迷于一个让你活得很惨、穷到只剩下花言巧语的男人。有一次在聚会上，我遇见了小我10岁的Amy，她当时只有25岁。在场的还有年近50岁依然单身的Shelly以及已过而立之年的我。

Shelly是一位编辑，有一张天生的娃娃脸和吃不胖的身材，性格有点空灵，不食人间烟火，不重视保养的她除了眼角有几条需要用放大镜才看得出来的鱼尾纹之外，没有任何下垂的老态，乍看之下还是20岁的少女。

不认识Amy和Shelly的人问我，Amy是否已经三十好几？我一惊，问她为什么，她说，她看起来很老很憔悴。

因为Amy爱上了一个除了爱情之外，什么都不能给她的男人，连专情都不能给，而且她爱了十年。男人爱女人化妆，她就日日化妆打扮，那些妆侵蚀了她的青春肌肤，一旦上妆就显得蜡黄。化妆也让青春滋润的皮肤变得更容易干燥，所以细纹更容易滋生。重点是，她并不快乐，因为她始终知道，这个看似风光的男人，并不完全属于她，而是属于他自身的虚荣感，她必须非常小心翼翼地帮他护住这个虚荣感，才能守住她的爱情。这样的爱情太疲累，所以女人的面容也就显得老态。

想要维持好25岁之后的容貌，阅读也是非常重要的。身为编辑的Shelly，长时间浸淫在文学和艺术的洗礼当中，灵魂特别纯净，而这种纯净的气质，也展现在她的容貌上，使得她看起来不老、不世故，却很

有智慧。

当我们踏入社会之后，就开始接受现实生活的洗礼，我们每一天都周旋在柴米油盐酱醋茶的生活当中，很容易就会迷失自己，把自己变成赚钱的工具，或者是奢侈品的配件（是的，很多时候，女人根本不知道自己是那些奢侈品的配件，主角是那些奢侈品，而你本身是暗淡无光的）。周而复始，日复一日，你就会失去灵性的光彩。所以25岁的你，更需要大量的、广泛的阅读，让阅读成为你的主力保养品，养你的气质、养你的智慧、养你的光彩。

交友圈也极重要。25岁的你，需要探索更广的世界，所以你需要广结善缘，增广见闻，提升智慧。但属于你的核心交友圈，你的姐妹淘，你就需要慎选，因为这些人才是真正影响你最深刻的人。你通常不会比你的姐妹淘好到哪里去，也不会比她们差到哪里去。

踏入社会之后，姐妹淘难寻，更多的是互相利用，所以要慎选，如何选？就是选有正当职业、圆满家庭以及正直善良的人，这样的人比较值得深入交往，至少她们不会败坏你的灵魂。灵魂一旦败坏，你的言行举止都会表现出一种"我是心机女人"的样子。

女人的金钱更是与容貌息息相关，所以你要努力赚钱，那个赚钱的意义不只是收入本身，还有你那种进取向上、苟日新，日日新，又日新的人生观，你日新又新，岁月又怎奈何得了你？

安静的城市，
有绚丽的夜空，
闪烁着灿烂的星星。
为自己的幸福，
做一个好梦。

CHAPTER 04

女人一辈子至少要有一次自立自强的减肥大作战

25岁左右是最需要警惕的发胖危险期，因为25岁以后，基础
代谢率就会慢慢下降，即使还吃同样多的食物，
身体消耗减少，也会慢慢发胖。
女人一辈子至少要有一次自立自强的减肥大作战，
同时也是生活方式改造大作战。
因为失序的生活必然导致失控的体重，我们最胖
的时候，往往正是我们过得最糟糕的时候！

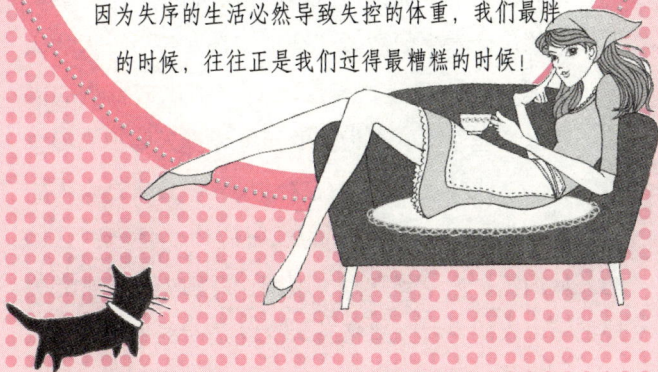

22 25岁的女人已习惯体重给你带来的困扰，那就不太妙了

减肥可以说是全民运动，不管是在台湾还是全世界，所有关于健康时尚美容潮流趋势，都指向着"人们应该减肥"这个方向。减肥更可以说是每个女人一辈子的事业，而且比经营事业的难度还有过之而无不及。

减肥的年龄层从小学生到已经退休的人都有，这可能还是少有的跨越年龄的共识。

有些女性以为减肥只是衣服尺寸的问题。事实上衣服的尺寸本来就应该"个别符合"每一个人的体形，只是因为大量生产无法针对个别体形特色的需求，所以只能做出一个大约的尺寸，女人要把衣服穿得好看，变成要反过来符合这种尺寸，其实是女人的无辜、衣服的错误。最好的衣服应该要是个别订制的，从肩宽、肩厚到胸围、腰围、臀围……非常完美地把一个人的身材隐恶扬善，这才是对的衣服。所以

无论精品时尚每一年设计了多少华丽的服饰，每个女人终其一生的目标，并不是这些尺寸一致的衣服，而是高级订制服。

衣服的事情不难解决，如果你实在塞不下百货公司里的淑女服饰，就直接去大尺码服饰店找属于你的衣服；如果你很努力工作收入不错，对于服饰的预算够慷慨，那么学着近代上海女性买布请人制作只适合你穿的衣服，更能琢磨出你对于衣料、版型、缝线、熨烫……的细腻品位。

所以，减肥这件事情和衣服尺寸之间的关系，其实可以不必看得那么密切，要记住，衣服的尺寸应该是来配合人的，而不是人把自己的身材扭曲变形，挤进一致的尺寸里。

身为一位芳华20多岁的女性，如果你的体重超出健康标准很多，而你这辈子的人生字典还没有出现过"减肥"这两个字的话，我首先必须向你致上最高敬意，因为当这个世界在为几千克赘肉而争战不休的同时，你竟然可以保持冷静，专心过着自己的生活，我觉得这一点自信和泰然自若，是非常了不起的，同时也是许多女性都没有的。

你必然是一位不想跟随其他人的人，只对自己的生活负责。那么你很棒，只要注意好健康指数，你会活得比百分之九十九的人都好。

但若事实上不是这样，你只是习惯了体重给你带来的困扰，并压根儿当不出门交朋友的宅女，把自己隔绝在世界之外，那就不太妙了。

23 我们最胖的时候，往往正是我们过得最糟糕的时候

女人一辈子至少要有一次自立自强的减肥大作战，同时也是生活方式改造大作战。因为失序的生活必然导致失控的体重，我们最胖的时候，往往正是我们过得最糟糕的时候！如果不认识到这一点，而只是一味靠节食减肥，斤斤计较食物的热量，却忽视了让你发胖的真正原因，那是绝对瘦不下来的，即使一时瘦下来，也会很快反弹。

所以，请暂时忘掉那些什么排毒、抽脂的建议，也先别急着看医生吃药减肥，即使是中药。先仔细想想，你的生活方式有哪些违背了"少吃多动"的原则，先花一个月的时间好好记录自己的生活作息，然后在可疑的习惯上打个"×"开始注意这件事情。

例如：如果你每个周末固定要和同事去吃一顿大餐外加喝酒交际，那么就可以每个月减少一次这样的事情，改成其他行程。又好比说，如果你每周才打扫

一次房间，清扫一次厕所，那么你可以考虑提升自己
的干净标准，每天打扫。又譬如说，如果你习惯每一
餐都外食，那么可以考虑每天挑其中一餐自己煮。自
己烹饪有很多好处，除了让自己少吃很多油脂，光是
准备一个餐点，就可以让你消耗很多体力了。

　　许多能健康保持身材的女性生活作息都很正常，
很少出现大吃大喝或睡眠时间不稳定的情况，因为她
们坚持自己规律的生活模式，虽然规律的生活模式在
现代社会很不讨好，不过这种生活习惯和她们能够维
持身材有很大的关系。

　　当其他女性花了太多时间为感情和工作焦虑的
时候，这些生活规律的女性一样面临感情和工作的压
力，但是她们比较不会"不由自主地"陷入情绪旋
涡，最多花个一两天伤神，然后很快地走回她们自己
的生活，因为规律的生活习惯让她们没有太多心思去
钻牛角尖。

　　玛丽就曾亲身体验过这两种生活方式对她的影响。她大学故意延期一年毕业，刚出社会的那几年没有什么经济压力，虽然工作有一搭没一搭，但是家人总是会对她适时伸出援手。有工作的时候，因为年轻体力好又爱玩，她常常和朋友喝酒、通宵唱歌后，回家洗个澡就去上班；她的生活没有什么行程表，如果朋友有好玩的找她，她就去；如果同事有什么聚会，她一定不缺席，更别说如果是喜欢的男生找她出去，她更是很少拒绝。她追求自由。她的衣服常常都是堆到了没有内衣裤可穿的时候才洗，冰箱里总是堆满过期食物，信用卡、水电费、电话费、账单永远忘了付而被催缴，总是不小心就购买了重复的或没有使用过的东西。

　　暧昧或喜欢的对象总是令她烦心，而她一烦心，就请假不去上班，拉下窗帘在家疯狂地睡24小时，一度发生过嗜睡症及失眠症交替出现的情况，不时出现歇斯底里的情绪，偶尔还会造成旁人的困扰。

　　严格来说，那几年她没有把自己照顾好，光看她的生活环境和总是堆成小山的脏衣服就知道，她把现实生活该做的事情都看得很淡，却花了大把时间在她的情绪战争中，随着情绪旋涡一起变动的还有她起伏不定的体重。

这种日子过了几年之后，玛丽在偶然的机缘下换了工作，也换了朋友。所谓近朱者赤，她的新朋友大多年纪长她一点，有些有稳定的家庭、稳定的男友或和家人同住，这些朋友的生活习惯很规律，晚上超过10点钟之后不会打电话给她，更别说是找她出门了；这些人假日时都在陪伴家人或男友，偶尔和她出来逛街也一定要回家吃晚餐。一开始玛丽觉得很闷，觉得这些新朋友真不好玩。没有别的乐子可以找的玛丽，只好从自己的生活中找乐子，一开始是自己烹饪食物，渐渐地，她从中找到了乐趣，然后一步一步地布置自己的房间，改善自己的生活环境。以前觉得这些生活上的小事情都不重要，可是现在她觉得，每天一睁开眼睛，看见舒舒服服的房间，还有闻到晾在阳台上的衣服传来的洗衣粉香味，就有一种幸福感。现在的玛丽，自嘲自己返回原始人的生活，每天跪在地上擦地板、扫厕所、手洗衣服、烹调并且清理厨房；她也发现，原来每个月花同样价钱的房屋租金，有没有好好维持居家环境，所享受的生活是大不相同的。

现在玛丽很少因为某些事情而陷入无法自拔的

情绪干扰之中。她已经习惯每晚12点之前就寝，没有什么事情可以招她的周公赶走；也已经习惯每天做完每一件家事，很少有什么突然的邀约让她愿意偷懒一次。有时心中虽烦恼着某些事情，但在进入上班状况之后，她便忘记了。最棒的是，玛丽从规律的生活中体会到，自己想要追求的是什么，不必在意的事又是什么了！

规律的生活为她带来了自在的生活态度，而自在的生活态度让她更专注并爱惜自己的身体。过去不论是大吃大喝还是饮酒作乐，玛丽都是赴汤蹈火在所不辞，丝毫感觉不到身体的抗议。可是现在，玛丽习惯每餐只吃七分饱，因为她觉得这是让肠胃最舒服的状态；以前爱吃大鱼大肉，现在却发现多吃蔬菜可以让肠胃处在最佳状态，因而自然而然地改变饮食习惯；即使偶尔还是和好友出去玩，也绝对不让自己喝酒喝到颠三倒四；从日复一日的家务事当中，发现流一点汗后，感觉特别舒畅，于是就尝试着用步行取代交通工具。这一切都不是为了计较体重计上的数字，而是为了"让自己的身体舒服"。现在玛丽的身材一直维持得很好，可是她从来没进行任何减肥计划，她的身材之所以能维持，就是因为她专注于自己的生活，专注着让自己的身体感到舒服。而一个人的身体在最舒服自在的情况下，自然就能维持很好的循环系统，完全不需要借助于药物或控制热量的食品。

　　当你的身体和生活处在最理想的状态，你就能够轻松保持身材。

26 乐活的方式，能让女人不费吹灰之力维持好身材

113

如果把维持身材这件事情，狭隘到从尺寸还有体重数字的角度来看，通常会发生两种结果：第一种就是永远的"瘦身尚未成功，一切尚待努力"，因为极端的减肥方式加上意志力薄弱的结果，会让自己的代谢率产生溜溜球效应，结果就是越减越胖；第二种结果，会因为极端的减肥方式加上意志力坚强，而减肥大成功，然后健康大失败。或许20多岁的少女很难想象健康大失败的痛苦，也会抱着"宁愿死也不愿意当胖子"的想法。不过我必须提醒你，如果健康大失败，身体就不会如你想象的那样正常运作（例如：胶原蛋白流失，无法吸收维生素C和钙质，甚至因为荷尔蒙失调导致身体的胖瘦失控，因为甲状腺亢进或迟缓造成身体局部水肿……一样严重威胁到女人的美丽），你可能因为两年之内可以穿到最小尺寸的衣服，却失去了往后20年健康美丽气色好的本钱，怎么

算都是划不来的。

既然如此，那为什么说保持身材能让你更幸福呢？因为保持身材不是让自己陷入歇斯底里的情绪当中（其实那样对保持身材很少管用），而是让自己进入一种健康身心的生活当中。

不过话说现代人真的很容易歇斯底里，如果告诉你所谓的健康身心很重要，你可能又非得去找一些心理课程、健身房、瑜伽课、绿色饮食……来执著一下，才会感觉到自己确实是"在注意身心健康"。其实，根本不需要这么紧张，因为当你开始这么神经兮兮想做些什么的时候，可能就开始胃痛了。

你也不需要刻意去找什么低热量的、减肥食品药品来吃，让你的身体一下子惊慌失措，失调到不均衡，你只要从生活习惯开始改变就好了。我发现这些年流行的乐活态度，就可以让自己保持身材，虽然你实在不需要为了昭告天下你在过乐活的生活，而硬是买一辆高级自行车，让自己加入马路上汽车恐怖的战局。

乐活的生活其实就是回归到传统生活，减少能源和科技使用，这是一种善待地球生命的态度，同时也是找回人类基本价值的态度。比如：每天用水晶肥皂手洗两件衣服实在花不了什么时间和体力，可以每天提早半个小时关掉你的电视机去洗衣服，不用累积一周七天的臭衣服丢进洗衣机，还要买一堆漂白水、增

艳剂、柔软精、香衣精，外加洗衣槽清洁剂，把美丽的阳台、宽广的浴室堆得像储物间一样。阳台应该拿来放个躺椅，在夏日夜晚感受凉爽的风，欣赏美丽的星星；女人的浴室应该拿来种点小花草，布置成能点蜡烛泡澡的样子才对。

我还研究过其他几种乐活方式，能够让女人不费吹灰之力找到好身材，在此分享给大家。

●让你的双脚多多离开地球表面

买一双漂亮又好穿的鞋子（也可以是闪亮的球鞋），最好有软垫可以减少脚跟和膝盖冲击力的那种，然后把汽车卖给二手车回收商（这一招超好用的，我有朋友做了这件事情之后的半年内，就瘦了7千克，也没有节食），把你的公交卡储好值放在家里，能不用就不用，然后走路去任何你想去的地方。

上班或逛街都好，除非距离真的要翻山越岭那么遥远，不然统统走路抵达你想去的地方。以台北市为例，几乎很少有走路到达不了的地方，除非像是士林、内湖……但这也不成问题，因为你可以在出发时，到公交车或地铁的下一站上车，而提前一站下车，给自己制造走路的机会。

相信我，这会比每年花巨额年费在健身房还有效益，因为无论如何你都不可能每天风雨无阻地去健身房做足两个小时的运动（比较勤奋的人，能周休二日都去健身房，已经很了不起了。为什么？因为你的时间还要分给男友、老板、同事、朋友，还有百货公司，哪来那么多时间去健身房朝圣啊），但是你却可以风雨无阻地走路上班去、逛街去，每天至少给自己一个小时走路的时间。

当然要把屁股从任何坐垫上多移开一个小时，也是颇累的事情，很多人都认为自己做不到，不过人的体力是可以锻炼的，习惯也是可以养成的，只要你决定出发做这件事情，你就已经在抵达目标的路上了，没有什么好犹豫的。

●应该挑食

虽然从小父母就教导我们不应该挑食，要保持营养均衡，不过我认为这句话只说对了一半，就是"保持营养均衡"这一半。至于挑食，当然是应该挑的，你的肚子又不是垃圾桶，干吗香的、臭的都往里面塞？

你也许会说，你很挑食，只吃某一家的牛肉面、某一家的麻辣锅、某一家的意大利面，只喝某个品牌的牛奶……如果是这样，还不能算是挑食，因为你所吃的食物还是控制在这些商家的手上，食物的选择权

还不是你的。

应该要讲究到，你知道自己究竟吃了什么东西，那才叫挑食。比如：当我吃泡面的时候，我就很清楚自己在给肚子喂三种东西：淀粉、廉价食用油及防腐剂（有营养学专家告诉我，防腐剂其实颇贵，所以泡面应该是添加更便宜的抗氧化剂才对）。

117

女人挑食，就是要挑最好的食物，如同挑最好的男人一样。什么是最好的食物？就是新鲜的食物，充满生命力的食物。新鲜的肉类叫作营养，不新鲜的肉类叫作脂肪，特别是肉类食物一定要新鲜的。如果想在保持身材上更讲究一点，那么大海里的肉类食物（像是鱼虾），会带给你较少的负担、较多的营养。

最棒的蔬果是新鲜现摘的，每天直送到市场里的。这些蔬果即使甜分不够，水分不足，但是从大地和阳光而来的养分，却是百分百不打折，好过那些标榜好喝又充满维生素C的各种饮品。

新鲜的食物才会在身体里面顺利地跑完一程，给你养分之后潇洒地离开你的身体，而不新鲜没有活力的食物，则是进入你的身体之后直接赖着不走，当然会毁掉你的身材，所以你不能不挑食。

● **应该追求精致**

停止对便宜货的追求，不管是食物、日用品，包包也好，因为这种把自己当成仓库的念头，会全面地让你成为一个囤积的女人。

虽然这种消费可以说是经济不景气当中的王道消费，不过这对你一点帮助也没有。因为你实在不需要那么多东西，也不需要吃到饱。

应该少花一点钱购买一堆让你一时兴奋的衣服和鞋子、皮包，让自己真正吃一些好食物，顶级日本料理是最好的选择，因为没有人可以吃生鱼片吃到胖的。不要再踏入吃到饱的火锅店、烧烤店，要去吃精致一点的单点火锅烧烤，因为一分钱一分货，它们确实提供了较优秀的食材，而你也会因为预算的限制，让自己挑真正想吃的东西，不会因为"不吃白不吃"而糟蹋自己的胃。

不要让贪小便宜的心态主宰了你的人生，而限制了你对于质量的追求、对于喜好的坚持，这是每个女人都应该善待自己的第一步。

●不要沉溺于淀粉

虽然淀粉类食物提供了人类身体的糖分需求和热量需求，全世界的人不是以米饭为主食，就是以小麦为主食，不过倒要想想：一个人一天到底需要多少淀粉？我们吃的淀粉是不是都过量了？

面包、白米饭，还有裹着鸡排的粉，全部都是淀

粉，身体一下子进来那么多淀粉，当然进得来却很难出去，必定阻塞，跟着地心引力沉淀到屁股。

要让自己同时享受饱足感又能得到糖类养分的方法也很简单，只要把白米改成糙米，把面包改成全麦面包，就不会吃到过量淀粉了。因为糙米和全麦食物中除了淀粉，还有非常多的纤维素和营养素，同时提供了糖类顺利进入你的身体和出来的管道。

讲究饱足感又没负担还有很多创意办法，例如：煮饭的时候加入一些切碎的胡萝卜（或任何你想得到的蔬菜），这样一碗饭当中，你所吃到的淀粉量至少除去了二分之一，最重要的是，你一样可以吃得很饱。

● 关怀地球，珍惜资源

这是出自于善待他人和其他生物的眼光和行为，也有利于保持身材。因为当你为了地球减碳的议题而牺牲便利走路、搭公交车时，你的勤奋和好心肠，就已经为你的身材带来重大利益了。

如果愿意每天带着快餐盒和环保筷子出门，那么你每天至少要花个两分钟清洗它们，这样一来把自己种在沙发上看电视的时间又少了两分钟，本来快要沉淀到屁股上的脂肪们，又被迫叫醒来继续燃烧。

如果愿意每个月少吃7天下午茶，只为了筹钱给

119

非洲的孩子们念书，一个月几百元，想想看，7块蛋糕和7杯甜死人的珍珠奶茶，就不会在你的身体上留下什么纪念品。

如果你肯很长时间才买一件非常好的衣服，然后为了保存它而认真手洗而不丢进洗衣机，那么这件衣服为你带来的价值除了美观，还有无数的甩肉运动，省下至少一个月的健身房费用，这就是买衣服要有的附加价值。

25 **不要让身体搭云霄飞车，给它毒药再给它解药**

我想在这里分享我的减肥经验，希望能带给大家一些启发。

我从小肥胖，全盛时期是160CM，70公斤，那是我结婚拍婚纱照的时候。我开始意识到减肥的必要与快乐，是高中时期的运动课，那时必须跑800米才能过关，那一段时间瘦了点，我很喜欢那样的自己，所以开始减肥，开始吃我从不吃的蔬菜。但往后减肥的执念太强，非常极端，都以不吃喝为手段，所以胖胖瘦瘦，体重都维持在50～55千克上下，只要一个疏忽，体重就上了60千克。因为很痛苦，所以不持久，都是忽胖忽瘦，健康状况也大受干扰。

我这辈子最后一次感受到"必须减肥"的痛苦，是在2012年6月的某一天，因为参加朋友的婚礼，自拍了几张照片，发觉自己实在难看，就决定减肥。

一开始用的是年轻时的笨方法，不吃或少吃，但

是因为25岁之后代谢率开始下降，所以套句我一位年
长女性朋友的话，就是饿了两天也瘦不了0.5千克。
饿太久也不是办法，所以我就放弃了，不刻意减肥。

● **爱护动物，是一个很棒的开始**

　　婚后我养了一只狗，我能感受到它的快乐与痛
苦或忧伤，推狗及于其他动物，我开始不忍心吃动物
的肉，也坚决不用皮草。我不是素食主义者，仍吃肉
食，但只是少量吃。我觉得迈向素食的过程，是扩大
自己的爱的能量，如果这种能量能扩大，对自己也会
有所回馈。

　　部分动物是肉食性，例如狗就是，所以我们家的
肉类都是给狗吃的。

● **自己烹饪，确实感受美味**

　　婚后我自己开始学会烹饪，因为做书，也学习了
很多食材料理以及营养知识。我发现原来所谓的"吃
饱"是一种错误的饮食观念，"吃身体所需要的"，
才是正确的饮食观念，如果你细细体会，就可以知道
身体需要吃什么，就像你渴了就想喝水那样简单。

　　我发现很多天然调味品，都能让蔬食变得更好
吃，例如意大利的巴萨米克醋，加上少许麻油，就能
让生菜色拉变得很好吃。如果美味和健康需求成为你

饮食的指南，你就不会变胖。

在此之前，你需要用心感受天然食材的美味，不要再被多种化学调味料给欺骗。

●吃得自在

我没有吃零食的习惯，宵夜也不吃。自从我开始爱上吃蔬菜之后，就没有了减肥的执著，但是衣服穿得越来越小号。我不知道我现在体重多少，但是我对镜子里的自己很满意，是我喜欢的样子，这就是女人瘦身的终极目标。女人瘦身不是为了傲人的体重数字，而是为了镜子里看起来更满意的自己。

我吃得很自在，除了淀粉严格控制之外，其他食物都吃得很饱足。淀粉类，特别是精致淀粉，除了实时给你热量以及囤积你过食的热量之外，没有什么营养上的帮助，所以精致淀粉应该占你的用餐比例最少，新鲜蔬菜和肉类才能提供给你身体完全的能量。

吃也是有顺序的，精致淀粉要放在最后吃。基本上，先喝汤，再吃蔬菜，如果不能饱足，再喝汤，再吃肉，即将饱足之前，再吃一点点精致淀粉。

然后一定要挑食，挑食对女人太重要了，不挑的女人，就会让劣质的男人靠过来，让讨厌的肥肉上身。我总是说，宁缺毋滥，对男人也是，对食物也是。如果你懂得挑，你就踏出了幸福的第一步。

26 一辈子都不用再减肥

　　身体是自己最好的朋友。你要实现梦想，要追求幸福，要过快乐的人生，无一不取决于健康的身体这个好朋友是否与你并肩作战。

　　健康是最大的财富，20多岁的女人首先要重视的是健康。虽然这种话听起来非常老派、落伍，但健康确确实实是每个人一辈子该追求的王道。没有健康，即使女人拥有精彩的头脑和外貌，也活不出精彩的人生。

　　而且此时是健康的黄金时期。人类的生理成长在20多岁时会达到巅峰，然后开始慢慢走下坡。如果女性能够在这个时期把健康的基础打好，会比过中年后才追求养生之道好过千百倍。例如：根据医学研究，在这个时期补充的钙质，是可以造福你下半生的。

　　你可能不知道骨质疏松的严重性，这就好像一栋没有钢筋的房子，全新的时候看起来很坚固，可是等

到时间久了、老旧了，它崩坏得也就特别快。现在常看见许多女性长辈们受到骨质疏松症之苦，背直不起来，无法久行，稍微一碰撞到骨头就碎裂，以至于行动不便。千万不要认为这些都是几十年之后才会发生的事情，事实上，因为生活方式和环境的改变，骨质疏松症发生的年龄一直持续在下降当中。这些女性长辈们过去生活正常，只是因为经济不充裕、信息不足无法提早注意这个问题，所以才造成年老筋骨失修。可是现代的女性工作忙碌，饮食不正常，营养不均衡（根据2009年的统计，有五成家庭把垃圾食物当成正餐），再加上大环境日趋恶劣，所以不利于健康的因素更多，"不健康"这种事情不一定会到几十年后才会发生。

有些女人会说：我都很注意自己的健康，看中医，做SPA，吃中药调养身体，非常重视健身和饮食，可是，还是觉得自己的身体很不好。这是为什么呢？

这是因为尽管做这么多事情"补"身体，可是无形当中对身体的残害更多。这种残害来自于完美主义性格：想要抓住升官加薪机会，所以从来不理会自己的身体发出的休息信号；想要在短时间内完成减肥，所以从来不理会自己的身体发出营养不良的信号；想要取得身边所有人的好感，所以从来不拒绝别人的要求或无意义的聚会，即使自己的身体已经哀哀欲绝，对主人发出求救信号。

把身体残害到这般地步，再不断地给它各种训练或养分，有时反而伤害更大。因为你的身体本来就不需要那么多中药、SPA、推拿……它只需要你稍微注意一下饮食运动和休息，就能好好地为你的幸福服务。这些额外的有利因素和不利因素，事实上，对你健健康康地活着帮助不大，结果，除了荷包瘪掉加上长久依赖物理疗程，作用有限。

所以，不要让身体搭云霄飞车，给它毒药再给它解药。

wow～

即使一切都杂乱无章，

我依旧能够驾驭。

缤纷的世界里，

有属于我的天空。

CHAPTER 05

成熟的女人，一定是能够控制自己情绪的人

当你过了25岁，或者正踏在青春的尾巴上的时候，
千万不要再天真地以为你还可以延续18岁少女
的情绪化发泄，那是毫无用处的。
当坏情绪到来时，首先你得问问自己：
到底是谁让你抓狂？是什么事情让你抓狂？
这是25岁女人应有的心智。

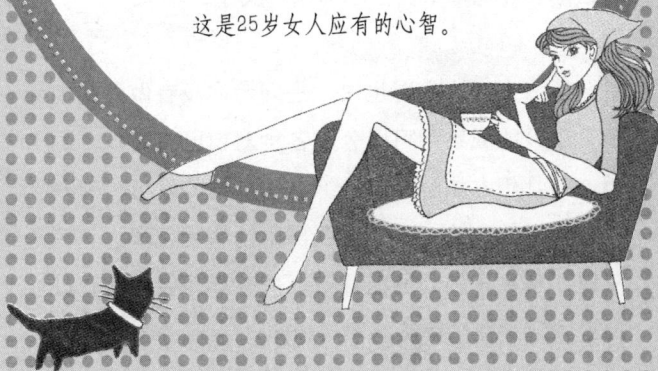

27 找到情绪爆炸的症结点，一定找得出办法控制它

　　谁让你情绪激动？什么事情让你情绪激动？首先你得想想这个问题的原因。

　　如果能很清楚地说出哪些事情会让你情绪特别激动，那么恭喜你，你真的非常了解自己，这是一件很棒的事情。

　　如果不能很清楚地说出这个问题的答案，几乎任何不顺心的事情、不确定的感觉都会使你情绪激动，那么你要注意一下自己的情绪开关了。

　　情绪来得快去得也快，是因为你没有做好情绪管理，还没能成熟到可以分辨各种对自己有影响力的事情，并且想办法解决或杜绝这些事情的发生。有些女人在重复的恋情、重复的受伤中情绪变化很大，可是难以了解真正的问题在哪里，甚至不想要了解，就让自己不断地在情绪旋涡里游泳。

试着想想看：让你情绪差的人或事，究竟为什么令你如此？是因为你总是在不了解真相之前就先炮火四射，还是你能有不同的方式杜绝这些令你抓狂的麻烦？你的抓狂对事情有没有帮助？

不见得情绪波动的反应都是不好的，对于一个能够成功控制自己情绪开关的女人来说，有时候"决定发火"能够恫吓住别人做出不利于己的事情。

我们可以在过去无数抓狂的事件里找出头绪，看看当初到底是什么令自己抓狂的，结果又是如何；你对于这些事件的处理，结果是因为宣泄了情绪而大有快感，还是对于事后难以收拾的残局悔不当初。如果在事发当下情绪能控制好一点，可以让你减少许多不必要的困扰，你是否愿意尝试看看？

也可以想想看，对于自己永远无法突破的事件，面对时必然会情绪爆炸的事情，引发这些负面情绪背后的原因是什么。这个功课一点都不难，只要毫无保留慢慢地说出自己真实的感受，通常都能找到答案。能够找到自己情绪爆炸的症结点，就一定找得出办法来控制它。

有些人生气的时候喜欢大哭大叫；有些人会去找惹她生气的人大吵一架；有些人会躲在黑暗的地方自哀自怨；有些人会严谨地反省检讨自己是否可能犯错

131

在先；有些人决定什么都不管，大吃大喝一顿；有些人干脆关机远行，制造出"我暂时不在地球上"的假象。

不过，如果要让你去告诉别人，什么样是处理生气情绪最好的方式，我想你一定会告诉别人："当然先冷静，冷静才能理性地解决事情，光是大吵大闹有什么用啊！"

然后我想你一定会碰到钉子，因为他会反驳你说："都已经很生气了，就是没有办法冷静啊，你说的不是废话吗？"

看起来从生气到达冷静这段路，是鸡生蛋、蛋生鸡的无解难题。

不过也不用太悲观地看待自己无可救药的火暴性格，因为曾经每天都是火暴女魔头的露西，现在可是位每天都笑容可掬的天使，几乎没有什么事情能惹怒到她。

是什么改变了露西，让她比以前更可爱呢？除了陪伴她的可爱的男朋友，还有她自己的努力啊（这部分会在下一段接着详细说明）！

以前露西只要听到一句惹到她的话，就会立刻跳起来"追杀"说这句话的人，要他给个交代，包括露西的可爱男朋友莱特，也是深受其害。

莱特曾经这样形容露西的可怕："天知道怎么和她沟通。一句话只说了一半，就已经惨遭毒手了，她根本不给你机会把一句话好好地说完，更不要说有什么解释了。"

像露西这样直来直往的女生还不算难相处，基本上只要她发作过一次后，就会把事情全部忘记，不会记恨，但还是会对她身边的人造成很大的伤害，尽管她自己没事了，可是她的家人和朋友们都伤痕累累，甚至有些人还因为不能理解她的个性而和她绝交。

有时因为得罪上司和客户，露西在职场上碰壁连连。不过露西从不认为自己有错，认为都是别人犯错在先，而她只是勇于表达出自己的不满而已。

有些人的情绪不会当场爆发，可是就好像慢火熬煮的汤一样，越熬越有味道，本来只是一件芝麻绿豆的小事，把话说开来就没有关系了，可是因为隐忍着不说，就会越想越气，反而会在往后的日子内不断发生小爆炸。

爱咪就是这样的人。她和男朋友的麻烦通常只是因为一件小事情开始，例如：男朋友和她约会时，临时接到一通电话就急急忙忙地跑去赴约，丢下她让她自己回家，爱咪先是一愣，然后看着男朋友渐渐离去的身影，不禁悲从中来，眼泪直直落下，觉得男朋友这样做太不重视她，竟然把她一个人丢在热闹的商圈里，自己跑去做自己的事情，竟然可以这么放心。于是，爱咪开始检讨这段感情的价值何在，检讨这个男人是否不够爱她，检讨自己是不是做错了什么事情而得到这种待遇，因为，别人的男朋友都不会这样的。

好了，等到下次约会的时候，爱咪就故意教训一下这个男人，把约会时间订得早一点，让男朋友多等一个小时，接着她也如法炮制，在约会到一半时临时说有事要先走，也把男朋友抛在热闹的商圈里，目的就是想让他尝尝这种滋味。接着下来，她偷偷教训男朋友的计划会一直到她打从心里愿意真正原谅他为

止。不过，就在爱咪的报复计划还没有完全实现之前，爱咪的男朋友对她变得渐渐冷淡，甚至提出分手要求，因为他认为爱咪很不成熟，也不够爱他，认为爱咪一开始不是这样的女生，而他错看了爱咪。

爱咪原先当然不是这么幼稚的女生，而她的这些行为，不过是因为情绪所产生的报复行动而已，全都是因为不爽"男朋友把我一个人丢下来"，她没有把话说清楚，反而故意做出一些平常根本不会做的事情来找麻烦，徒增了两个人之间的嫌隙。

直到两个人分手时，爱咪还觉得很冤枉，不知道为什么本来感情很好的两个人，竟然走到分手的地步。

28 在恋爱中训练自己的情绪反应方式

露西真正开始觉得有必要改变自己的爆炸性情绪，是由于某一年的情人节所发生的事件。

那一天晚上，满心期待着要和莱特去吃情人节大餐的露西，一早就盛装打扮好等着莱特来约她，可没有想到莱特竟然临时打电话告诉她，他要加班到晚上8点，这么一算，他们真正能见到面的时间已经是晚上8点多了。

听到这个通知之后，露西立刻脑充血，发飙对莱特说："随便你！"然后狠狠地挂掉电话。

之后每半个小时，露西就传一个短信责备莱特，把什么难听的话都说出来，还说如果莱特真的觉得工作那么重要，那不如两个人分手算了，让他好好伺候他的老板。

虽然把话说得那么难听，可是露西从心里是不愿意分手的，她很清楚自己只是在发泄情绪。所以等

到晚上八点半一到，露西还是出现在莱特公司楼下等他，带着一张奥到不能再奥的表情。

莱特可以说是受到了一整晚的轰炸，可是他并不以为意，因为他了解露西的脾气就是这个样子，所以还是满脸笑意地迎接露西。

"我们可以去吃饭了。"莱特笑着说。

"吃什么吃？我已经气到不饿了。都几点了，餐厅都要打烊了。"露西没好气地说。

"别这样嘛！我知道你很饿了。"

"反正你爱加班，这一整个星期都在加班也就算了，连今天情人节还要加班，这么重视工作干吗还要谈恋爱？当你的女朋友算我倒霉。"

此时，莱特突然从口袋里拿出一对戒指，一只是钻石的，一只是白金的，冷不防地抓住了露西的手，把钻石的那一只套入露西的无名指上。

"你以为这样就可以打发……"露西还想要继续发飙，可是这一次莱特却不让她说下去，阻止了她。

莱特对她说："我这个星期都在加班，就是为了这个。我想说每一次情人节都去吃大餐，吃完就没有了，我希望这一次情人节能给你更好的东西。"

露西这才从一整晚爆炸的情绪当中醒了过来，感动不已，同时也悔恨自己一整个晚上传了那么多辱骂的短信给莱特，而且她突然觉得自己非常幸运可以遇到莱特这样的男人，因为换成是其他男人，可能老早就把她甩掉了。

因为更珍惜莱特，所以露西也决定要让自己的情绪放慢脚步，不要在搞不清楚真相之前就爆炸，因为以这件事来说，虽然莱特完全没有责备她的意思，可是露西依然对于自己给莱特造成的伤害感到非常难过。

露西说在那次事件之后，她也没有立刻神奇地变成一个EQ很高的人，可是她最起码做到了一件事情，就是练习让自己在情绪爆炸的那一刻、那一秒钟，放空。

只是一个小小的习惯练习，在每一次情绪爆炸的当下，对着当事人说："我再想想看。"然后先去做别的事情，慢慢消化这个突如其来的事件。她发现这个处理方式对她的生活有不错的影响，至少过去对于许多她从不尝试、不接受的事情，在经过深思熟虑之后，都发现其实这些事情对自己是有好处的。

如果她实在很气，就会告诉对方说："我不知道。"

她发现这个方式可以给自己很多空间，让生活更愉快。例如：当老板交代她一项她不喜欢的工作时，过去她的反应是直接告诉老板说："我不要！"接下来也就失去了很多不错的表现机会，即使她后来后悔

了，也会因为曾经说过"我不要"这三个字，而让自己没有反悔的空间。现在，如果老板交付一件她不喜欢的工作时，她会改说："我再想想看。"这样即使隔天马上就后悔了，也能够轻易劝服老板把这个机会给她。

而令露西最快乐的事情是，从莱特脸上看到受伤表情的概率越来越少了，这也让她感到更快乐，因为她是真心地爱着莱特，不希望莱特受到伤害。

至于爱咪在经过几次恋情失败之后，也开始痛定思痛，找到恋情麻烦的症结所在。这个契机是来自于有一次她和男友争吵，这一次她没有隐忍着计划偷偷报复，因为麻烦实在太大了——男友汤姆竟然接送女性同事回家，真是"是可忍，孰不可忍！"

汤姆看着脸色铁青的爱咪问："你怎么了？"

"没有。"

"还说没有，你的脸上明明就写着，'我很生气'这四个字。"

"没有。"话虽这么说，爱咪的心里却想着：你还好意思问我怎么了？

于是汤姆不放弃地、一件一件地问爱咪到底在意了什么事情。

"是因为我晚到五分钟吗？"

爱咪摇摇头。

"还是因为我没有答应你，周末带你去海边玩？"

爱咪又摇摇头。

"还是因为送我的女同事米雅回家？"

爱咪不摇头了，只是泪水在眼眶中打转。贴心的汤姆立刻了解是怎么一回事了。

"你不喜欢我送女同事回家吧？"汤姆问。

爱咪点点头。

"因为米雅怀孕8个月，而且刚好她老公今天出差不能接送她。她平常在公事上给我很多协助，所以我觉得我应该护送她平安到家，我比较安心。如果你不喜欢，那么以后类似的事情我会请其他同事帮忙，这样好吗？"

爱咪听了，讶异又感动地看着汤姆，心里想着：这么简单？这件事情就这样解决了？汤姆完全能接受她的要求？

"因为你对我的重要，比起这件事情要重要很多，我希望你了解。"

爱咪这才发现，过去她对于男友种种令她不愉快的行为，之所以不说又充满着挟怨报复的心态，只是因为她从来不相信男友对她的重视，会愿意接受她的想法改变某些行为，所以她只好用闹脾气的方式来宣

泄情绪，而不愿意正面处理这些事情。

"如果你对我有什么不满或要求，可以直接说出来，不要自己生闷气。"汤姆对爱咪说，"好吗？"

于是，在汤姆的诱导之下，爱咪一次又一次地训练自己，努力把心里的不满说出来，尽可能用不伤害汤姆的言词，虽然不一定每一次都能够得到汤姆的让步，可是爱咪至少走出了第一步，那就是用正面积极的方式来解决两个人之间的麻烦，而不是消极闹脾气的方式。

不要轻易地把情绪事件推给"我就是这种个性，这就是我"，"这就是你"没有错，但如果你的本质是钻石，你也需要为自己精雕细琢，才能在人群中展现出耀眼的光芒。

29 25岁的女人，一定要学会为自己保密

有句话说："你吃下什么东西，就会像那个东西。"当然，这是素食主义者提倡的观念。

我们也可以这样说：你说了什么话，怎么说话，你一定会看起来像那样的人，即使你根本不是那样的人。

在一个偶然的机会，我参加了一个派对。在那个活动里面，我认识了一位非常特别的女孩子，24岁的雅米。雅米长得美丽大方，气质也很好，又活泼外向，很容易在各种场合立刻成为众人瞩目的女孩子。

等到所有人都喝得差不多的时候，只听见雅米说话的声音越来越大，甚至能杀出电音音乐的重围，没有人听不到她的声音。

她开始大声地说出她的私事，包括她和恋人之间的事情，某些私密的细节……尽管我们有意转移话题避免她继续把自己扒光，但是看起来很有气魄的雅米似乎并不在乎，而且有点发火了，对于想阻止她说话的人冲口骂出了脏话。

我当场傻眼。我很难想象一个这么漂亮的女孩子，满口脏话会是什么样子，这下总算大开眼界了。

先来看看雅米对自己做了什么坏事。首先，就是她在不熟悉甚至不认识的人面前，把自己的私生活全部说出来，这是超级愚笨的行为。如果你此生想要和"笨女人"这三个字划清界限，那么第一诫就是——严谨看待自己的私生活。

这并不是说不能够随心所欲地交男朋友、同时有几个约会对象、对象之一可能是有妇之夫……渴望恋爱游戏所以不在乎天长地久。你可以照自己喜欢的方式生活，但是请谨慎地替自己保守秘密，不要一张大嘴巴到处说。因为你会做某些事情，可能有你自己的苦衷和理由，你觉得无愧于心，可是如果把这些事情说给别人听，别人难以理解，也不愿意理解你内心深处的理由，就很容易用看笑话的心态来看待你的一切。

生活明明好好的，干吗没事要让别人看笑话？你又不是娱乐节目。

在不熟悉的人面前大说特说的雅米，可以说完全是在做一种自毁的行为。别以为这里面没有谁值得你在意，可是世界很小，天知道原本这里面就埋伏了一个好男人的亲戚、一个本来能成为你事业上贵人的朋友。

在认识的朋友圈里说自己的私生活，看起来好像无可厚非，不过如果是耐性很强的聪明女人，就是可以到处隐忍不说，除了跟自己的爸爸、妈妈、哥哥、姐姐和日记。因为你所认为的好朋友，极有可能会在这辈子某个忍不住的日子跑去跟别人说，这是时间和机缘的问题，不是朋友发毒誓打保证的问题。所以，聪明的女人一定要学会为自己保密，不让自己有机会成为别人的话柄，这是超级爱自己的表现。

二十几岁的女人要学会不再口无遮拦，要适时地把不该说出的话吞回去，然后想想看，过去自己曾经不小心说了哪些话，造成了现在什么样的麻烦？如果机会再来一次，还要不要把这些话到处说去呢？

但那天之后我还是和雅米成为不错的朋友。雅米抱怨说她总是遇不到好男人，说她渴望着甜蜜的婚姻，可是却一再浪费时间给那些差强人意的男人。同时我也了解到，雅米可不是只有喝醉时才会飙出脏话的，事实上这些话是在职场上每天都会出现的，也早已成为她的习惯。如果没深入地认识雅米这个女孩，

光从表面认识她，我大概不会对她的印象很好。

雅米口无遮拦没错，但这是因为她很直率，没有坏心眼，对人真诚，可是她大大咧咧的表现却会让习惯含蓄的人们感到不舒服，会想和她保持距离。雅米实际上和她表现出来的德行可是天差地别，会这么表现只是为了掩饰她内心的不安而已。

145

既然如此，雅米为什么还要这样子做呢？如果你是雅米，你会选择改变吗？如果爱飙脏话不是你的本性，只是口无遮拦的习惯，为什么不尝试着改变它，试着让自己的言行更像你自己一点？

当你脆弱的时候，就试着承认自己的脆弱；当你开心的时候，就大大方方地表现你的热情；当你生气的时候，就不要伪装成冷漠的样子。如果我们可以多接受自己一点，勇敢地以自己的真面目迎接别人的挑战，会活得更像自己，也就不需要用夸张的伪装来表达、来掩饰自己内心种种的情绪。

每一个人都和雅米一样，要清楚地了解自己的各种情绪，掌握处理各种情绪的方法。你可以适当地表达自己的拒绝、不满意、不喜欢、讨厌……虽然这会令你担心坏了好人缘，让你想尽办法伪装成别扭的样子。其实根本不需要担心，因为所有人都应该接受每个人都有权利表达意见，偶尔带一点情绪，并不会坏了你的人缘，重点是，用什么方法让别人了解了你的意思，你是否把情绪宣泄在不该承受的人身上。

30 巧妙应对爱开玩笑的男同事，是25岁女人应有的成熟

布兰斯是一个非常可爱的、好相处的女生，在职场上她喜欢和其他同事保持亲切的互动，而为了表达她的善意，她总是第一时间主动融入别人的谈话中，表示对别人所说的任何事情都很有兴趣。

不管别人说什么，布兰斯都表示认同，所以大家都觉得布兰斯是最好相处、最善解人意的同事。

有一次，布兰斯和公司同事周末去狂欢，一直玩到很晚了才结束。这个时候只剩下布兰斯和另一位准备送她回家的男同事。布兰斯搭了男同事的车，一路上本来两人还保持着友善的交谈，可是不久之后，那位男同事居然开始对布兰斯开黄腔，尽管布兰斯已经含蓄地暗示她并不喜欢听这种话，可是那位男同事还是变本加厉地说着。

正当布兰斯皱着眉头不知道该如何让自己从这尴尬的情况里脱身或用什么方法收场时，没想到男同事

还对布兰斯伸出了咸猪手。布兰斯心一慌，想也没有想，就直接反击，打了这位男同事。

男同事羞愤地对她说："我看你每天和戴维那群人开玩笑也是笑得很开心，你现在到底在装什么？"

可想而知，很有骨气的布兰斯当场要求下车，自己回家。

只是这件事情对布兰斯打击颇大。她原本只是希望能够和其他同事相处融洽，所以认为有时候大家说说过分的笑话也无伤大雅，也就有一搭没一搭地参与了，可是没有想到看在别人的眼里，这就表示她是一个爱说过分笑话的女生。

这一切当然不是布兰斯的错，她不过是希望和其他人相处得更好而已，所以在不知不觉中违背了自己的意思，加入了热衷过分的笑话的谈论当中。可是看在其他人的眼里，他们并不是那么了解布兰斯，也没有打算用心了解她，所以布兰斯这样暂时违背自己心意的表现，反而让其他人认为，这就是真正的布兰斯。

这就像如果你的服装太裸露，在这个世界上就是有很大部分的一群人，会认为你的行为和你的服装一样开放。

当然，别人认为我们是什么，并不代表也不影响我们做自己，可是他们对我们的行为，却很可能会对我们造成困扰，就如同布兰斯的男同事对她的行为一样。如果你和布兰斯一样，不希望发生这样的事情，那么你就需要在各种交际场合更坚定自己的立场，不要轻易给别人错误的印象，也能避免为自己带来后患。

另一个女孩可可没有什么困扰，因为大家都喜欢她。每一个人都说，可可是这个世界上最善良的女孩子，对她的要求都有求必应。有些朋友还开玩笑说："可可就是他们的救星啦！"不管是同事要求帮忙，朋友家人要求帮忙，要借钱……可可通通来者不拒，可以说能当她身边的朋友，真是幸福至极。

不过只有可可自己心里知道，这一切都不是她喜欢的。难道不是吗？她其实一点也不想老是被麻烦、被打扰，连半夜都会接到求助的电话。可是有什么办法呢？可可总觉得如果自己不出手帮忙，那么这些人就会生气，不再愿意当她的朋友了。

当她的远房亲戚又来向她借钱时，习惯了帮助人的可可，这一次下定决心要卸下这个重担。她终于摆出冷漠的表情一口拒绝了这个要求。

"你应该自立自强，我爱莫能助。"可可对对方说。

接下来，她也拒绝了一些过去她就不是很想理睬的朋友和异性朋友……几个星期下来，大家都说可可变了，开始说可可的坏话，说她很拽、很不懂人情世故。一开始这些耳语让可可很不快乐，但久而久之也就习惯了。可可并不是再也不想帮助别人，只是更懂得量力而为，不让人对她予取予求。

大约过了一年后，可可的身边真的少了很多朋友，但是留在她身边的是一些很珍惜她的朋友。

　　　　　　我看到了，
　　　　看到了属于自己的幸福。
　　　　　就这样无所畏惧，
　　　　　　　驻守着，
　　　　　直到幸福降临。

CHAPTER 06

身心没有照顾好，谁的羡慕眼光都是多余

我们的眼睛看外面太多，看内心太少，

而所有的外在形式最终都是为了内心的安定。

现在你所追求的一切，等到十年之后，

会变成你的获利还是负债？现在拥有的一切，

未来究竟会令你增值还是贬值？

这是每一位25岁左右的女性应该深入思考的问题

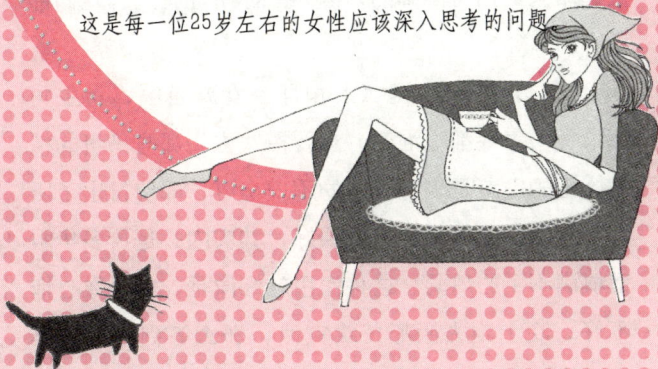

31

爱物质要适度，永远知道精神更重要

　　女人是如何地爱自己呢？我想大多数的答案都是：努力赚钱好让自己享受更好更有质量的生活。

　　至于什么是更有质量的生活呢？就是更好的衣食住行，更高档的服装首饰，能够走进一家高级餐厅就餐，能够走进精品店买一双其他女人都下不了手的鞋子，这就算是拥有好的生活质量。这样的你和身边的女友们及每天走过身边千百个女人比较起来，当然是走起路来头抬得高高的，因为"你所拥有的，她们都没有"。

　　我记得在电视剧《大和拜金女》当中，女主角不惜每天每餐都吃泡面，也要攒钱去买那些昂贵的精品。她的虚荣是来自于她的不安全感，即使付出了所有努力也要让自己看起来很好，其实内心是再多华服都填满不了的黑洞。这种作用就好像是，如果你心情不好，晚上跑去酒吧狂欢宣泄，那么等到第二天早

上，没有解决的痛苦加上更深沉的狂欢后的寂寥，会让自己感觉更不好。

这种"爱自己"的方式实际上是什么呢？每天超过八个小时的工作，超过四个小时的应酬，平均每天超过一个小时的失眠，再加上频率极高的胃痛头痛，然后穿着昂贵高跟鞋和套装出门，让看见你的每一个人都觉得你很好，你很爱自己。

即使知道健身房的费用不在你的预算之内，可是为了"爱自己"的理由，你还是说服自己"值得"用分期付款的方式买下会员卡，未来用更努力工作的方式来满足这笔你实际上付不起的开销。

可是你到底好不好呢？这个问题首先应该问问你疲惫的身心、很难放松的焦虑心情以及你每个月有多少闲暇使用健身房的次数；应该问问分期付款还没有完毕但是从买来到现在只舍得背出去两次的皮包，到底是什么样爱自己的心情，让你甘愿为这么不实用的它做牛做马。

你觉得生活总是被什么无形的力量捆绑住，要逃也逃不掉，就好比说你很怕看到信用卡账单，却还要考虑什么新产品你还没有购买，衣服、饰品哪一个最新款是你没有到手的？

你对那个对你并不体贴的男朋友虽然不满，可是始终下不了分手的决定，是因为你真的爱他，对他的

155

爱超越对理想男朋友的需求，还是只因为，他有足够条件让你感到非常骄傲，带他出去有面子？

　　对于你这个付出和收获并不对等的工作，是什么原因让你舍不得换？是因为热爱这个工作，并且觉得它能够完成你的梦想，至少它能够给你一份可观的薪水，还是，你只是喜欢这个人人吹捧的职位？

　　是谁绑住了你的脚步，让你即使衣食无虞，还是非常不快乐，像是活在压力锅里的一粒小米？

　　我有个朋友Amay，月入只有5000元，可是她过的生活却是五星级的生活。她不在乎每个月多缴一堆利息给银行作为循环利息，也要"分期付款"把她喜欢的名牌和食物拿到手。每个月到月底她就苦哈哈，这个时候，身上没有任何现金的她，花不起一点钱吃路边摊，可是可以用信用卡到餐厅消费吃更高级的料理。

　　不久之后她打算买汽车了，在各方亲友的劝阻之下，仍然没有办法阻止她以30000元的首付款买下标致跑车。买车的第一个月是很快乐的，她开着她的跑车到处去兜风，日子过得快活自在。

　　直到有一天晚上，我打电话给她，发现她竟然睡在汽车里面。"发生什么事情了？"我紧张兮兮地揶揄她，"是不是债权人堵在你家门口，你不敢回家呀？""不是。"她哀怨地对我说，"是因为太晚回家了，没有车位可以停，只好睡到车上来。"

　　不久之后她要搬家，整整打包了三个晚上才把她的东西收拾好，雇两台中型卡车载完她的家当。搬家的那几天她心力交瘁，因为每一样东西都很贵重，禁不起一点点不小心的撞去。

她终于崩溃，说："这些东西我一个月摸不到三次，却要为它们这么做牛做马，唉！"而且，这些东西的钱还没有完全付完，每一个月，都被银行追讨利息。

当她看着身边的好朋友一个个在年假时都收拾行李环游世界了，而她却要面临卡爆的危机，困在这个小小的岛屿上，忍不住悲从中来。她承认，她失去了自由。

我发现拥有一个东西具有两面性，如你拥有一个东西，享受它，同时你也受到它的支配、它的拥有。这个东西让你付出的代价是时间、精神、金钱，如果它对于你没有提供相对的价值和利益，那么就是浪费，浪费你的时间、金钱和精神。

从我的朋友拥有一部汽车开始，她就陷入了被汽车拥有的生活。原本她可以骑着单车上班，停在人行道或者任何不用付钱的地方，灵活地在这个城市到处游走。她也可以搭乘大众交通工具，可以到她想去的任何地方，拍拍屁股下车，没有烦恼。可是拥有了一部汽车之后，虽然免去了身体奔波之苦，可是却要开始面对为车奔波之苦。她的约会开始迟到，出门常常找不到车位，回家也没有自己的停车位可以停，生活老是在为车位烦恼。而且几个月之后她告诉我她已经

很少开车出门，原因是，油价开销太高，负担不起。她说她失去了自由。

我们总是在追求更高、更好的享受，所有的科技物质发展也朝着人类这样的需求进行。但是，没有一个人可以这样全面地拥有所有物质享受。我曾经试过，一天疲累的上班后回来，其实你最需要的，是一碗面、一台电视机、一个人。你没有多余的时间去把玩你手上的那么多东西。在假日，最幸福的是和家人或者朋友吃一顿饭，然后回家休息。说要出远门要筹划很久，而且，衣柜里面那些美丽的衣服和鞋柜里的新鞋子，你总是找不到适当的时机去穿。现代人拥有太多用不到也享受不到的东西，却还是要拼命地满足心里没有完成的那个梦。

拥有一个东西，你其实就失去两个自由：一个是被物质捆绑的自由，一个是面临金钱支配的自由。

32 所有的外在形式最终都是为了内心的安定

　　每一个活在大都会里的人都在问：到底是什么把自己逼到没有选择的地步，活在一份迫不得已的工作、无味的恋情，甚至乏善可陈的生活当中？我这么说并不是否定了正常工作、上班的价值性，而是要提醒你知道：现在你所追求的一切，等到十年之后，会变成你的获利还是负债？现在拥有的一切，未来究竟是你的获利还是负债？这是每一位二十多岁的女性应该深入思考的问题。

　　大多数女性也许会说，我别无选择啊！我有各种压力，而且无法想象失去这个男人之后日子要怎么过下去！不知道如果我拒绝了朋友的邀约之后，是否会失去她们的友谊，不确定如果错过这个男人还有没有更好的，我很害怕如果有一天没有名牌加身，会不会在朋友当中抬不起头来。

　　我建议你从一件事情开始思考，那就是，当你月

收入只有3000元的时候，你是不是月光族？或只有少量的存款？等到你月收入超过5000元的时候，如果你是在月收入3000元的时候就当月光族的人，那么等到月收入5000元的时候还是一样的月光族，而若是你在月收入只有3000元的时候就有少量存款，那么你在月收入5000元的时候还是会有少量的存款。

虽然你的收入有变动，但是你过的生活还是差不多，最多是一个月多两件衣服，多两顿大餐，但是结果都是一样的。于是你明白了，能够改变生活质量和保障的，不完全取决于月收入，而是取决于你对收入和支出的掌控，就算哪天你年收入几十万，你对于收入和支出的掌控，会使得你的经济生活和年收入十几万的时候差不了多少。

瑞塔在26岁那一年和交往6年的男朋友分手了，曾经觉得已经习惯和某一个男人同居的她，在分手之后曾陷入种种不适应的情况，也确实花了一点精力打发自己没有男人充实的时间。一开始，所有好姐妹每天轮流陪她吃饭逛街，接着下来，她投入了一份很有挑战性的工作，并且在那个职位上用心经营，拓展视野，之后她渐渐觉得人生比她过去为男朋友而活还要有趣得多，也发现了许多比起前男友对她更具吸引力的对象，最重要的是，她一直坚持要走出这段恋情，所以无论经历过多少次孤寂的夜晚，或多少通前男友苦苦哀求的来电，她都咬紧牙关拒绝回头。大约经过一年之后，她和她的前男友都各自找到新的对象，而且十分满意，他们都认同并且接受当初分手的决定。

或许很多人都会在你刚踏入社会时，给你很多宝贵的意见，这些意见都很有价值，也都是为你着想，你应该重视别人为你着想的这份情谊。但是，这并不表示这些意见你就得照单全收，你当然可以有自己的

想法和抉择，因为只有你知道你可以做到什么，不能做到什么，如果你违背自己的耐心和兴趣去听从这些意见，就会使得你陷入痛苦的深渊。

不管你的选择是什么，最重要的是，以让自己过得好为基本目标，即使你的梦想最后不能如愿地给你回报，但是至少你必须对自己的生活负责，让自己身心健康，并且不依赖任何人也可以好好地活下去，不让重视你的亲朋好友担心。

　　爱莎在离开职场前，月收入非常丰厚，为了让自己不断地更上一层楼，她把自己投入到和客户的消费角力战中——什么是消费角力战呢？那就是，为了让自己在客户面前更具信服力。她咬紧牙关去学高尔夫球，学调酒，买非常昂贵的衣服和饰品，好让那些非常有财力的客户勉强觉得"你还算有资格和我说上两句话"，甚至她还为此和赛门交往，只因为赛门有很好的家世背景。爱莎一直认为她的人生很完美，有完美的工作和收入及完美的男朋友，那是她的朋友们都羡慕而且自叹不如的。

　　可是只有爱莎知道，她每天晚上要吃安眠药才能入眠。她的男朋友只是个空壳子，陪着她出席各种聚会，却无法深入爱莎的心，无法成为她真正的心灵伴侣。爱莎承担了所有的压力，甚至在男朋友面前还是维持着完美无瑕的形象。

　　长期的压力在赛门向她求婚时爆发了。因为直到这一刻，爱莎才真正感觉到，眼前这个男人和她一点关系都没有，除了玩乐和应酬，他们可以说是互相完全不了解的两个人，更何谈结婚这等大事呢？

相对地，赛门认为，爱莎是一个完美的结婚对象，能让他向其他人介绍女朋友或未婚妻时，非常风光的结婚对象，所以即使爱莎和他始终保持心灵上的距离，他也觉得结婚无妨。

但几乎所有外界的压力都把爱莎推向赛门，无论是家人、朋友，甚至是她的上司，都有意无意地释放着"如果你嫁给赛门，你会得到我们更多喜爱"的讯息。

直到有一天，爱莎感受到人生有史以来最大的低潮，并且选择完全不透漏半点讯息给赛门。那个时候，她已经确定，赛门和她过去的人生一样，都是虚假的空壳。

她受够了，决定放弃这一切，离开赛门，离开职场，放下一切，让自己的身心灵恢复正常，至少在快乐的时候懂得和人分享，在悲伤的时候懂得向人诉说，而不是像现在一样，已经不知道笑和哭的感觉，只一味地闷着。

现在，爱莎自己创业，虽然收入比起以前少很多，也比较辛苦，可是爱莎却过得非常心满意足。她认识了现任男友琼森，两个人在小小的工作室里，过着"有情饮水饱"的生活。

过去爱莎以为，没有那些奢华的形象，就没有友情、爱情、成就感，可是现在的爱莎发现，她其实不必为谁而活，假如她自己没有把自己的身心照顾好，那么谁的羡慕眼光都是多余。现在，爱莎每天都吃饱饱，睡好好，因为自由的心，无所畏惧。在她毅然决然放下一切的同时，她就是相信自己，如果生活在这么混乱糟糕的情形下，她都还应付得来，那么只是收入减少、男朋友没有阔气的风光，对她来说能有什么影响呢？

33 泄露年龄秘密的往往不是皱纹，而是你的眼神

不知道你是如何看待这个世界的，不过我一直觉得这世界还是颇为美好的，至少很有趣。即使偶尔遇见大野狼，也会想好好瞧瞧大野狼张牙舞爪的样子，把他画下来，捕捉难得一见的人生百态。

如果告诉你需要对人保持爱心，对世界保持温柔，你可能会觉得那像是在说大道理，虽然你对身边的人没有特别好，但也并非魔女，而且偶尔要做善事捐款，你也会不遗余力，展现爱心。

不过如果我告诉你，这一切都会使得你变得更好、更美丽，也许你就有兴趣听听了。

我的老妈一直活到六十好几了，脸上还看不出几条皱纹，如果勤奋一点去染发，说是五十岁出头也过得去。你以为她用了多好的保养品？其实没有，严格来说，她这一辈子根本没有保养，也不化妆。你以为她是双手不动的贵妇？那更不是，她就像传统老妈妈一样要做各种家务事，也像现代妈妈一样里外兼顾。她的不老秘诀是来自于她对这个世界永远保持新鲜有趣、热情的态度，不求回报地帮助别人。虽然过程和结果不见得都能如她所愿，但是她从来不放弃自己要温柔看待世界的眼光，这样她觉得快乐。

　　小姿已经超过30岁，生了两个小孩，可是每次就算她带着两个小孩上街，也会遇到年轻男子来向她要电话，因为根本没有人相信，她是那两个小孩的妈！这些男人认为这两个小孩，可能是她的侄女或外甥女，但绝对不可能是小姿的孩子。小姿看起来就像是大学刚毕业的女生，很少人能把她和她的实际年龄联想在一起。

　　或许你会说，许多保养品都有这么神奇的效用，不过保养品的能力有限，因为往往泄露年龄秘密的不只是皱纹。我记得很多年以前遇见一位非常美丽的姐姐，身材娇小的她看起来非常青春。在和她交谈了一阵子之后，我大大地赞美她看起来很年轻，结果她就非常得意地问我："那你猜猜我几岁？"

　　"最多30出头。"我说。

　　结果那位姐姐叹了一口气，说："眼神果然是骗不了人的，我已经37岁了。"

　　小姿之所以看起来非常年轻，除了保持运动和生活作息正常，就是来自于她善于保养她的心灵，所以能拥有一双非常澄澈单纯的眼神。她保持着对每一件事情的兴趣，也保持着对身边朋友的关心；常常为生活上的小事感动，也会为了新闻上悲惨的事件落泪……当许多和她同年龄的朋友已经对于人生类似的喜剧和悲剧无动于衷时，小姿还有着一派天真，有着想要拯救世界的憧憬。

当许多和她同年龄的人不断地购买昂贵的保养品在拯救松弛的肌肤时，小姿迷上了环保，减少化学保养品的使用，并且拒绝使用以动物实验的各种产品。小姿没有大量地购买衣服，所以不必为了整理衣柜而费神，但是偶尔会买一两件很不错的衣服，因为爱惜它们而穿得很久。

小姿和她的孩子们一起成长，陪他们看各种卡通片，唱卡通歌曲，和孩子们商量少买一个玩具，一起每个月筹少许钱给世界展望会，让一位非洲的孩子上学。

这些行为让小姿看起来有点特立独行，不过她并不介意别人的眼光，直到有一天看见广告中35岁的女主角正在说明某品牌保养品对自己的保养成果有多好时，小姿忍不住大呼："她和我同年耶！可是为什么我觉得她对我来说很像大姐姐，而不觉得是我的朋友呢？我好像和她不是同龄的人。"

追求快乐生活的小姿从来也没有想过要如何保养

自己让自己不老，不过她后来渐渐地发现，自己的身心状态已经和同年龄的人相距很远了。

当女生们都用尽各种方法维持自己脸蛋和身材的青春美丽时，其实更要注意，眼神一样能透露年龄信息。而保养眼神的工作，就是保养心灵的工作。至于如何保养心灵，就在于你有多关心别人，有多关心这个世界，能否除了为自己感到快乐，也能为世界的美好、其他人的幸福，而感受到快乐。

36 伤害在25岁的年纪是必然的，但请不要远离美好的事物

你用什么眼光看待世界，世界就会用什么眼光看待你。这就好像，如果你看某一个人不顺眼，他通常也不会太喜欢你；如果你发自内心地喜欢一个人，你也会觉得他对你有感觉。

人和人、人和世界有一个无形的磁场在互动着，虽然它看不见也摸不着，可是却非常真实地影响一个人。

你能够召唤这世界上所有的好事降临，也能够召唤这世界上所有的坏事降临，这并不需要符咒或神迹，而是一点一滴累积在你的所思所言所行当中。

说温柔的话，做温柔的事——如果你也希望别人对你说温柔的话，做温柔的事的话。

年轻女性开始接触社会，会发现自己的善良、天真一旦遇到大野狼之后，就不堪一击，伤痕累累，甚至变成了一个笑话。在经历过职场斗争、失恋、受

骗、被欺压……可怕的社会洗礼后，有些女孩选择放弃原本的自我，把自己"武装"成女强人的样子，从此刀枪不入，无人能敌。过去别人如何欺负她的善良，未来她也将如法炮制，至少，也要收起自己的"太傻、太天真"。

173

了解了黑暗游戏规则，懂得了所谓的人际心机，参与了这个游戏，许多女生变得很孤寂、很不开心，虽然她们刚开始到处吃得开，不管和别人竞争什么都会赢，可是实际上她并没有得到她真正想要的。

如果你需要的是爱，怎么可能用武力手段得到它呢？

把那种对谁都充满戒心的尖酸态度，从你的生活中移除吧！你还如此年轻、美丽，脸上不应该也不需要挂着伪善的表情和冷漠的冰霜。既然已经买了这么多保养品和化妆品，就不要遗漏对你的青春、美丽最有效的保养品——和善的笑容。

每天带着开心的笑脸出门，带着为自己努力、每天进步一点点的动力出门，那么，你就会找到属于自己的幸福，一点都不需要向伪善和尖酸低头。

　　婷婷就曾经面临过这样的抉择。和许多年轻女孩一样，大学刚毕业的时候，她就是一只走入丛林的小白兔，对什么事情都充满好奇、善意，对什么人都充满热情、体谅。

　　不过婷婷面临的第一个考验，就是工作上的麻烦。同事们利用她的善良，常常在她的面前鬼哭狼嚎地说身体的病痛、情绪的低落，要婷婷帮他们处理麻烦客户，甚至是一些他们不愿意动手做的杂事。婷婷照单全收，认真做好每一件事情，却被当成傻子一样。

　　接着下来就是感情问题。婷婷认识了比尔，而这个男人刚好就是嘴甜心坏的花心大萝卜。他利用了婷婷的善良和感情，让婷婷在生活上照顾他，却背着婷婷和其他女生交往，无视婷婷对他的付出。

　　当婷婷渐渐发现自己的付出在别人看来只是廉价的利用时，她感觉到了前所未有的痛苦。

　　和大多数受过伤的女孩子一样，婷婷眼前也有两个选择：第一个选择是，她"痛改前非"让自己变成

像那些伤害她的人一样，以防止自己再被伤害；而第二个选择就是，坚持做自己想做的事情，无论它看起来有多愚蠢。

婷婷一度选择了前者，而这个时候她也是个职场上的小老鸟，对于那些新进的同事有了一定的权力，在试着把自己的工作烂摊子丢给菜鸟之后，她发现那并没有让她更轻松快乐，反而惦记着自己的烂摊子是不是那些菜鸟收拾得了的。

在感情上也是一样的。她在比尔之后交往了几位男朋友，这些男友对她还不错，提供的服务也相当多，包括有一位收入丰厚的男朋友把自己薪水转成两张提款卡，其中的一张给了婷婷，要照顾婷婷的生活。婷婷看着这张提款卡，内心波涛汹涌，贪念上身，也一度想起了过去她自己也曾经用金钱"照顾"过比尔，那么现在这个男友这样照顾她，她也可以像比尔利用她一样，大方接受。

不过事实证明，半年之后，婷婷始终没有把提款卡密码记在脑子里，在分手时把提款卡原封不动地退还给了这位男友。

现在婷婷终于了解了，自己并不想成为那些伤害自己的人，不想变成那个样子。虽然她自己的待人处事过去让自己伤痕累累，可是她有一种问心无愧的胆量和快乐，她不想失去这个东西。

几年之后由于经济原因，婷婷的公司开始裁员，合并几个部门，只留下一些能够身兼两种以上工作的员工。结果，因为当初婷婷总是帮着同事们做不属于自己职务范围的工作，而对其他部门的工作也能上手，使她成为裁员名单之外的幸运儿。至于那些连自己的事务都要丢给婷婷做的同事，无论和主管再怎么友好，也敌不过公司必须紧缩人事成本的现实。

婷婷后来经历过很长一段单身日子，为了打发时间，假日就参加了义工队，去偏远山区教小朋友读书，在其中感受到了付出的快乐。在这里她认识了和她一样善良老实的詹姆士，两个人对于人生观和价值观的看法很一致，甚至让婷婷觉得，她之所以一直坚持着某些事情，就是为了和詹姆士这么好的男人在一起。

现在，婷婷有小小的房子和小小的幸福，如她从小所愿的那样平凡而温暖地生活着。

如果当初婷婷做出了不同选择，为了别人的错误对待而改变了自己，那么她就没有机会实现她从小的梦想。如果婷婷违背了自己的初衷，学起了那些伤害她的人的行为，那么婷婷也会和詹姆士的磁场错开，而没有机会认识詹姆士。

如果不是因为婷婷坚持关怀善待别人的心肠，当然也不可能让她自己在服务业这一行做得那么有声有色。

所以，二十几岁的女性，如果你真的遇到坏人，吃定你的善良，利用你的温柔好意，让你觉得自己真是笨蛋一个，让别人吃干抹净了得意扬扬，你是应该维持自己的善良温柔，还是转个方向让自己变得攻击性更强？这并没有标准答案，关键点就在于：你是要因为别人的影响而改变自己的信仰，还是用自己的信仰去影响身边的人？你能否为自己培养出内在强大的力量，把自己相信的一切点亮在别人的周围？相信你的心里已经有了答案。

177

35 如果你对别人不够仁慈，那就是自己的能力不够

多年前有一本翻译书《仁慈的力量》，内容是说自己的仁慈心肠和整个世界之间呼应的关系。

如果你刚踏入社会，渴望别人的接受和认同，希望被这个世界理解，那么一定不能忽略"仁慈的力量"。

也可以这么说，你的能力会为你带来仁慈的心态。

如果你对别人不够仁慈，那就是自己的能力不够，因为害怕别人而排斥、攻击别人。很多女人都有这种情绪，在许多戏剧里也都常看到，故事中的第二女主角，因为和第一女主角竞争男主角，但又没有自信，所以最后对第一女主角采取了残忍的非常手段，以此达到自己的目的。

为什么我们必须成为一个聪明的女人，有知识、有见地的女人？就是因为必须给自己注入充足的力量，成为一个有力量的女人。这样就可以减少因为不了解别人而产生的恐惧、忌妒、排斥等种种情绪。

　　小莉从学生时代就有许多好朋友，人缘很好。不过小莉的朋友对于小莉都有一个共同的意见，那就是：小莉总是不愿意赞美别人的美丽。当小莉的朋友打扮得很漂亮来找她时，她总是会大大地挑剔，说得让原本开开心心的朋友变成信心全失。

　　如果是认识很久的好朋友，就不会和小莉计较，可是不熟的朋友，就会感受到小莉的敌意，一种充满忌妒心的敌意。

　　虽然小莉一点都不需要忌妒别人，因为在外表上她也拥有很好的条件，不输给其他人。既然如此，为什么小莉还要出于忌妒心，而去攻击挑剔别人的装扮呢？

　　那是因为小莉从来不知道自己有多美丽，对于自己的外表毫无自信，只是一味地挑剔着一切。即使体重很轻，还是觉得自己身材不好、很胖；即使拥有非常靓丽的五官，还是认为自己的脸形不好看、太大。因为对自己的挑剔，使她长期对自己的外形不满，所以只要小莉看见自己的朋友打扮得很不错，自卑感就会油然而生，而为了要让自己好过一些，她就用挑剔别人的方式，来安抚自己"她也没有比我好"的心理。

　　忌妒别人是一件很痛苦的事情，也是一件颇不长进的事情。因为忌妒的情绪会让一个人想毁掉别人比自己好的一切，可是这对于自己和别人并没有任何帮助，也就是"损人不利己"的事情。

　　"损人不利己"的事情给世界带来负面效应，也必然给自己的生活带来负面效应。例如：你不断地挑剔别人，找别人的麻烦，结果就是——你每天的所思所想所言所行，都执著在负面细节上，都在为"如何证明别人很差"而烦恼；就会造成在生活中，你注意不好的、错误的细节，比注意正面的、光明的细节还要多，如此一来，就搞坏自己脑袋里的雷达，变成只对那些负面的、错误的、讨厌的事情有反应了。

　　所以"损人不利己"的事情，就是搞坏自己脑袋雷达的事情。

　　而"仁慈的力量"能够让你多去注意这世界的爱与美好，把负面的思想从脑袋里移除。然后当你的心充满宁静、和平和爱的同时，你的脑袋雷达就会特别去搜寻这一类的事情，不会让你错过你身边任何一件好事情的发生。

36 25岁女人请爱你的工作，但别爱上你的上司

大部分年轻的职场女性都很受欢迎，因为她们拥有青春，也拥有争取美丽的能力。就像一只踏入丛林的小白兔，会遇见许多幸运和美好的事情，幸运和美好的女神总是特别眷顾半熟的青春，给予许多光彩耀眼的华丽。

相信许多20多岁的职场女性都遇到过男性同事们对你特别友好、男性上司有意无意地给你帮助或原谅你的过错的事，甚至有些女性会成为已婚男人的觊觎对象。

他们很清楚这个年龄层的女生需要什么，无非就是成就感、经济支柱及赢过同侪、比同侪更快速成功拥有一切的虚荣感。因为如此，所以他们会释放出像是善意，其实是有目的性的表示。

但是，你不能对这些东西照单全收，除非你很清楚自己的人生规划，对自己的未来有长远的眼光，认为这些东西对你的将来是有帮助的，而非一时幸运。作为一个女人，一辈子要学习的主轴就是：永远知道什么不要拿，什么要拒绝。当你有一天懂得不伸手拿取不属于你的东西时，你的生命会更自由、更开阔。

不只是女性，20多岁的男性也时常因为青春和外表优势，而得到许多从异性而来的协助，这可以说是人性的常态。青春美丽，是每一个人都喜爱的，因为它无法修补、不能重来。

年纪比较长的人确实拥有比年轻人更多的资源，包括金钱、职位和人脉，而这些都是20多岁的男女在走向成功之路前非常需要的。如果真的渴望成功，有些好的贵人确实可以拉你一把，让你事半功倍。

可是某些人虽然看起来像是贵人，其实根本就不是，因为在他们给予的背后，其实目的都是拥有一个青春的陪伴。

你应该要懂得分辨，谁是真正支持你的人，而谁又只是给你诱饵却要你非依赖他不可的人。

当你感到不舒服的时候，不要害怕拒绝别人。这段时间里，你难免怀疑自己太年轻，什么事情都不懂，于是默默地承受了许多不公平的待遇。

你的意见当然有可能是错误的，别人塞给你的意

见也可能真的比较好；但也有可能你是对的，拒绝了别人的意见，还能为你省去许多不必要的麻烦。如果你的心里实在犹豫，就不要马上决定接受或拒绝，要给自己几天时间好好想清楚。

183

千万不要因为不好意思拒绝而招致麻烦上身。应该随时关注一下自己脑袋里的雷达，判断一下别人希望你做的事情到底正不正当，而你是否真的愿意。如果不是，要记得尊重自己的感觉。

拒绝虽然令两人尴尬，可是那只是在当下，而且有许多方法可以表达拒绝的意思，如果懂得用温柔、委婉的语气表达，那么也不会令人难以接受。宁可事前就表明自己不接受的态度，也要把事后的抱怨减少到最低。

明确且柔和地表明立场，坚定却友善地表达拒绝，可以让自己在人际关系中保持悠游自在。

无论接受或拒绝都要明确，万万不可三心二意，心猿意马，说过的话要说到做到，这是能确立别人对你信任的基础。

无须到处大声嚷嚷告诉别人你是怎样的人，只须在行动上表示自己的态度。例如：你总是拒绝同事吃饭、喝酒的邀约，那么只要几次之后，别人有类似的聚会就不会再找你，也免去了你需要不断拒绝的尴尬。不需要和别人从事这么多交际活动来证明你对他们多友善，你可以偶尔在工作上协助他们，那么不但不会得罪他们，反而能让他们更喜欢你。

仁慈的心肠，有原则的态度，能带给你的是更值得信任的人格，更令人喜爱的好人缘。

飞吧~

直到最远的地方，

带去我的问候与思念！

和你分享，

我的世界多彩绚烂。

CHAPTER 07

交友有原则，你的态度很重要

25岁的女人，额头上没有生活忧伤的皱纹，

手心里还满攥着大把的青春，正是女人生命中最辉煌、

最奢侈、最自由的季节！

你青春正盛，应该好好打扮自己出去迷死路人，

应该成为这个城市里美丽的风景，如果还相信网恋，

那你不是天真得可怕就是可怕得天真。

37

25岁还相信网恋，那你不是天真得可怕就是可怕得天真

二十几岁的女人像学生时代一样，还需要非常多的女性朋友。虽然这个阶段的女性朋友已经不像学生时代那样，读书在一起，玩在一起，连上厕所也要一起，不过好朋友的影响力还是非常大。

确实，拥有几位好的知心朋友，对自己的人生帮助很大。如果你看过《欲望城市》，就知道真正的好朋友能给你一辈子的支持，那种坚持爱你的心肠，超越无数乏味、意志不坚的男人们。

大部分的人会赞成，自己这一辈子最看重的友谊都在学生时代发生，延续到工作时期。如果你在学生时代没有结交到很好的朋友，也无须悲观，因为真正的友谊随时可以出发，不可能在茫茫人海中，找不到任何一个和你气味相投的人。

在现在所谓的"宅世代"（就是宅文化加上宅经济，什么事情都可以不必出门直接在网络上发生的时

代），交朋友对某些人来说既是容易事也是难事。容易的是，只要你在网络上浏览几个博客，打几个网络游戏，加入几个聊天室，就可以结交到不少朋友。难的是，通常这样的友谊，距离我们所期望的那一种，好像遥远了一点。

189

如果友谊只在网络上互动，如同爱情只在网络上发生，它能真正和现实结合到什么层面呢？它给我们心灵的养分，和真正的感情能是一样的吗？

　　我曾经参与过一些网络盛会，从学生时代一直到现在，陆陆续续都参与过一些。结果是玩"逍遥"的朋友出来了，大家一个劲儿地谈论"逍遥"游戏里的各种角色和游戏历程，彼此有兴趣的认识只在于网络上的角色，对于这些所谓的"朋友"实际上家住哪里、工作是什么、兴趣是什么（这个好像不需要问，不就是"逍遥"吗）、讨厌什么喜欢什么、性格是什么好像都没有兴趣，也不在乎。

　　各种奇异的现象在这里发生。例如：我看到一个样子和谈吐很猪头的男生，活到30岁没有任何工作，没有任何理想目标。成天只挂在网络上屁股离不开椅子的邋遢猪头男竟然是全场女生最喜爱也最崇拜的对象，大家争相向他示好，只因为这位玩家等级很高。像这么奇异的现象，只能说是令人大开眼界，看得我眼珠子快要掉下来。

　　过去风流的男人，在网络上至少要装出自己是某小资或颇有事业基础的样子，才能稍稍吸引女生的注意，没有想到现在的男人，只要能购买足够的点卡，一天把自己黏在椅子上20个小时就够了。

还只能说是令人大呼不可思议。

这些聚会通常离不开网络，即使人都已经坐在餐厅里等着现实中的牛排上餐桌，可满脑子及整桌子的言论，还是离不开某个博客某些留言之类的话题。结果一散会，谁对谁的认识还是仅止于网络上的言行。

过度沉溺于网络世界，会让你很难交到真正的朋友。事实上，在这里要认识人很容易，只要打几次招呼就能成为朋友，可这位朋友到底是什么样的人，相信你看不清楚也不大在乎，你们的交流多半在网络及简单的图文词汇里面完成，谁也看不出个所以然。这些朋友圈一个圈过一个，每个看起来都像是朋友，又像是随处可丢的便利伞。

真正的友谊和爱情一样，都是需要经过酝酿的。我们看见一个人，喜欢他并且想要和他当朋友，需要仔细思考如何接近对方，让对方对自己产生好感，进而愿意和自己交流一些内心深处的事情，彼此分享。这个过程有时候很漫长，需要很努力，并且在努力的过程中更深层地发现自己和发现对方，挣扎着是否接受对方的优缺点，而这一切，绝对不是网络上见面一个"Hi"就能取代的。

因为没有经过这些深层酝酿的交友过程，会使得你很容易得到一些看似朋友的人，可他们对你的付出可能连玩伴的标准都达不到（即使你心情不好想找人陪你逛街，他也可能以"很忙"为理由婉拒。因为你的心情不好，他实在无法感同身受为你担忧。他如果不是忙着重视现实中的朋友，就是忙着在网络上交更多朋友）。你也可能一开始好像和某人特别好，可是在短时间就翻脸走人了——当你真正认识了这个人之后。

所以，你应该走出去交朋友。要走出去的理由很多，最重要的理由就是，你如此青春年少，应该好好打扮自己出去迷死路人，应该成为这个城市里美丽的风景。没有理由把自己关在房里不出门，用一个大鲨鱼夹夹住你美丽的秀发，靠着不营养的食物活下去，靠着不营养的友谊和爱情活下去。你有权利也有能力得到更好的东西。因为你如此美好，所以走出去会认识很棒的朋友。

也许是在职场上，在同学会、与客户交流中，偶尔遇见一个与你投缘的人甚至只是在商店与销售小姐多谈了两句，你们就能成为朋友。这些人是你在现实生活中认识的，你们交流过眼神和对生活的意见，甚至仅仅是对衣服的感觉、对男人的感觉，就使得你们产生共鸣，达成共识。

你们没有躲在计算机后面认识彼此，虚与委蛇地用"＞＜"或"……"来取代心情满满的无力，而是在举手投足之间，在声音和表情之间，非常有诚意地展现自己的想法，让对方马上感受到了你的快乐与悲伤。

所以当生活不顺利的时候，这些朋友能够想象并且理解你的心情，并且根据你的需求提出解决方案，然后不惜一切杀到你家里去，只为了哄你安然入眠。

38 世上没有完美的男人，只有女人完美的想象

我身边想结婚的单身女性朋友，始终很难找到自己满意的对象。大家都说她们很挑、太挑、眼光太高，可是这几年去了几场相亲大会之后，觉得"太挑"这个字眼有点责备过头了。

这世界上会突然出现一个金光闪闪的男人在你面前吗？在某一次邂逅、某一次相亲大会之中，在多次感到天地黑暗无光的时候，有没有一个男人一现身，就会让你全身的毛孔都张开来迎合他，毫无理智，像中邪一样？

我认为这是一生必须拥有一次的爱情经验，就算两个人没有在一起，没有结果。我就有过一次，而且那人直到现在在我的心目中还是璀璨得不得了，没有半点瑕疵地存在着。

我曾经经历过两次联谊大会，还结交了一位好的男性朋友。联谊大会在男对女来说，有点像金钱决战

擂台，而在女对男来说，有点像外貌决战擂台。在那样的场合里，不必明言，你就可以清楚地感觉到：女人，年未过25，胜；年过25，败；年近30，惨败。如果外貌够强，分数可以提升一些。而男人，年收入20万以上，胜；年收入10万至20万之间，败；年收入未过10万，惨败。如果外貌够强，分数也可以拉回一些。不过妙的是，在这场合中外貌够强的女人很多，而外貌够强的男人则凤毛麟角。

互相了解的过程很像问卷调查，比如：工作如何？家庭如何？人生观如何？经济情况如何？对婚姻的向往如何？这些问卷调查很容易让仍有炙热情感的人冷掉。

当年我曾遇见过一个男人，劈头就问我说，是否介意他大我8岁，我就很想回他说："你大我8岁关我屁事？我有喜欢你吗？你有喜欢我吗？"

恋爱应该是从"你喜欢我"或"我喜欢你"开始的，而不是从"你是否大我8岁"开始的吧！

男人成熟稳重、工作稳定、内涵谈吐都可，看起来没有什么不好，但就是缺乏一种power（力量），让女人无法拒绝的power。

有外形、有金钱的男人是一种power，让女人不由自主地倾心；而没有外形、没有金钱的男人还有一种power，就是"男人本色"——我喜欢你，我只喜欢你，无论如何都要喜欢你。没有这种power的男人，有外形和金钱也是惘然，很难让女人对他冲动。

而"没有什么不好"的男人，缺乏的就是这种男性魄力，让女人觉得"虽然你没有什么不好，但那关我什么事呀？"自信心不强的男人，女人基于自保的动物直觉，会把他排除掉。

不过有时候女人也要拥有一点自信，毕竟许多在情场上失败成习惯的男人，会失去找到自己优点的能力。而我最大的优点就是懂得欣赏正常女人所欣赏不到的优点，包括男性、女性的。

"虽然看起来很闷，但谈吐聪明，而且名校毕业，不会是个白痴，稍加训练大有可为。"

"虽然外形不佳、约会表现不良，但是为人诚恳善良，可以先当朋友。"

"年纪比你小是好事情，谁想要和一个40多岁的男人谈恋爱？连去搭摩天轮，都还要先考虑到他有没有心脏病。"

"年纪大好呀，这人看起来人生历练丰富，脑袋肯定有趣。"

"长相不好看才好，男人怎么能美过女人？"

"家庭清白父母老实，嫁过去才会幸福啦。"

"家庭复杂也无所谓，你不要卷进去就好了，重点是他很爱你，凭这点你就可以打赢很多家庭纠

纷的仗。"

"赚的钱不多又何妨？你自己赚自己花，这样花起钱来更理直气壮，大小姐。"

"曾经叛逃过？你不知道浪子回头金不换吗？他吃了苦头，才知道真爱，给他机会不会划不来！"

我觉得，欣赏别人的优点是一件幸福的事情，因为你总是觉得，怎么人生如此幸运，都遇到好人呀！

有时候觉得遇到没有什么不好的男人，只是因为自己没有打开心房认识他的优点，其实认真去认识之后，就会知道老天待你不薄，给了你很多没有什么不好而且还有些隐藏优点的男人。

至于其他人觉得好不好，你带他出去风光不风光，那又何妨？谈恋爱嘛，只要确定你在他的面前绝对是个女王就对了。你有事，他第一个扛，不会是那些说闲言闲语的人。

我也要给那些"没有什么不好"的男人一点建议：把你那种"我喜欢你，只喜欢你，无论如何我都喜欢你"的魄力拿出来，好女人及幸福的人生，就离你不远了。失败了又怎么样？男人禁不起一次的失败，对得起自己吗？

197

39   "见不得别人好"的嫉妒
心理会毁掉女人的一生

虽然我们不但嘴巴上不承认，连内心也不会承认，自己偶尔有那么一点点魔鬼心态，即见不得别人好的心情，不过如果我们不重视内心这个忌妒的魔鬼，就没有办法解除它在我们生活中造成的麻烦。

正面的力量非常重要，无论是自己拥有这种力量，还是身边的人拥有这种力量，甚至是社会充满这种正面力量的氛围，都会对你有很大的帮助。有时候即使正面的力量不是从你这里散发出来，而是从别人身上散发出来的，一样能给你带来好运。

特别是在二十几岁的年纪，还很容易受到别人影响，受到信息和书籍影响，更可能因为一句话就受到影响，所以不能不更谨慎选择交谈对象，然后对自己谨言慎行。这么做，可以为自己增加好运。这就好像慎选吃到肚子里的食物，对你的健康情况就有不一样的影响。

婷婷是一个很不错的女孩子，虽然有时候看起来严肃。但她之所以严肃，是因为她慎重过滤可能影响自己的人和事物。例如：有时候同事聚在一起聊八卦，她不想加入，就会装忙；有时候和别人聊着聊着，突然话题急转直下，大家开始兴致勃勃地讨论起某人的私生活，这时候她就会假装自己还有别的事情必须走开；有时候公司里的男同事兴致一来开了点荤腔，她就会面无表情地走开，用行动小小地抗议一番。有些女生不想破坏气氛和关系，就随便地敷衍一下，其实大多数的女生也都这么做，不是她们能接受，而是碍于情面虚与委蛇。

不懂得拒绝别人是大多数年轻女孩的困扰，主要是因为不想破坏关系，让别人觉得自己不好相处。不过我们应该这样想：如果别人的言谈真的让我们感到不舒服，他们自己也会从你的拒绝中发现自己的唐突。如果他们不认为自己有错，反过来责备你不好相处，那么你认为这样的人值得做你的朋友吗？别把所有人际关系的责任都扛在自己身上，每个人都应该为自己的行为负责，包括你的拒绝、别人的反省，都是各自的责任。

婷婷在朋友圈当中也是如此。如果她参加了朋友的聚会，席间有人开始针对别人的不幸事件当话题聊了起来，婷婷就会想办法转移话题，实在转移不了，她就提早回家休息。大家都说婷婷很不随和，可是每一个朋友最信任的人也是她。

相较于朋友们生活总是不时出差错，像是卷入口水战争、被老板质疑对公司不满……婷婷的好运似乎多很多。她很少被无预期的人事纷争扫到车尾，尽管她看起来总是那个跟同事们和朋友们最不热络的人，可是一点都不影响她更广泛的好人缘，而这种好人缘的来源就是信任。

流言的可怕就在这里——有时候别人说了什么，你只是当下没有表示反对，结果话传到第三个人的耳朵里，就变成你才是说八卦的那个人，你就是始

作俑者。

当你在和别人谈话交流的时候，就是交流着这种无形的力量，你们互相说了什么，把话题带到哪里去，就有可能在潜移默化中影响自己最近的言行或运气。

你可能暂时比较孤独，因为没有参与最容易吸引人的八卦聚会，而看似少了很多朋友，不过如果你能坚持做对的事情，就能够吸引到正面的人来接近你。有时候忍受孤独是必要的，如果坚持对的事情不会使你的生活更精彩热闹，至少可以筛选一点好运气降临到自己身上。好运不求神，求的是自己坚持正面积极向上的力量。

我们不应该幸灾乐祸地看待别人的不幸，虽然我们真的不会承认自己有这种心态，不过当我们一堆人为了凑热闹而把别人的不幸拿来当话题聊，就是一种不厚道的事情了。

虽然有时候人生很苦闷，例如：无论你如何努力，就是没有办法像别人一样年薪破表、职位节节高升；无论你如何地爱惜自己，就是没有办法得到一个像别人那样好条件的男朋友；你或许还苦闷于同样的年龄，别人已经做到的事情为什么你做不到。这种二十几岁特有的苦闷是有生以来第一次面对的，因为过去和你同年龄的人都和你一样只是个穷学生，谁也难以超越谁，可是现在进入职场，鸣枪起跑，一下子好男人、房子、车子、存款、身材保养……全部成为较劲的目标。一时你惊慌失措，患得患失，只要输了一点点，就自怨自艾，怨叹别人的好运怎么比你还要多，心里总是会想着：等到别人好运用完就会比你惨了，因为你的条件和努力从来不输给她。结果，有一天你的诅咒灵验，她真的惨了，你的心里舒服了一点。但是，要想的是——她惨了没有错，可是你自己有更好吗？

我们的人生可不能在比"烂"中度过呀！因为比"烂"只是一种逃避，让我们逃避了自己真正应该面对解决的问题。例如：职位一直不能高升，是因为什么，是你的努力不够，能力不够，效率不够？一直没有遇到好条件的男人，是因为什么，是你一直离不开那个烂人，是你的生活环境根本不是好男人愿意接近的，还是你自己有需要提升的部分，比如外表、气质、个性？我想，这才是会让你心生忌妒的原因，那个人之所以出现在你生命里最重要的意义，只是在激励你不断地自我成长，看见自己改变之后的可能性，而不是刺激你的忌妒心。

因为有了这种忌妒的心情，就会促使你只和不如自己的人交往，让自己该有的长进停滞不前。如果你

的朋友都是一些不如你的人，都期望你不断地给意见不断地产生麻烦，那么你要如何得到好运气呢？要如何在某个关键时刻痛定思痛，确定自己应该改变生活现状，突破现状呢？

203

40 警惕闺蜜太多地参与你的感情生活

　　有些女孩把闺蜜当作神，什么事情都要叫好朋友来参谋，这样的行为也颇不理想。许多男人排斥自己的女友或另一半和好朋友聚会，原因就在于，原本他和这个女人恋情一帆风顺、无风无雨，若没变卦还可以走入礼堂，可就会因为某一次好朋友聚会之后，全部翻牌，女朋友"突然觉得"他不够爱她，"突然希望"他能证明自己和公司的女同事没有一腿，"突然想知道"他是因为喜欢她才和她在一起，还是因为习惯才继续和她在一起。

　　这些千百年来让男人无力招架的问题，总是会在女朋友参加完好朋友聚会后发生。他的哥儿们及他自己过去已经有太多类似的惨痛经验，所以他当然不喜欢女朋友或另一半去和好朋友聚会。

　　事发起因可能只是因为在好朋友聚会上，女人向好朋友抱怨了男朋友的某件事情，接下来你一言我

一语的，用极度细腻的方式去分析男友这个行为背后的"根本原因"，不小心就强化了这个事件的严重性（但可能是一件男人老早就忘记的事情），当场说得女人内心纠结，便开始跟自己过不去，回去就把男朋友或另一半找来质问一番。然后男人通常没有能力处理这么细腻的疑惑，最多只能回一句"你想得太多了"，结果此话一出，更是让女人抓狂。

205

　　这并不是你的好朋友不好，换个立场来看，假如你的朋友对她的男人有抱怨，你一定也会"感同身受"地数落男人的不是。

　　当我们还很年轻的时候都这样处理别人的感情事，看见自己的朋友受到委屈，一定二话不说要开战，倒是很少成熟地去思考，自己的朋友抱怨了这么多，其实需要的是摇旗呐喊一堆人去和她的男人作对，还是只是需要情绪出口。如果事情没有很严重，你偶尔昧着良心告诉她"其实你的男人对你也蛮好的"，是否会反而能让她接下来的一个月睡好觉？

　　我们看着电视上许多名人的感情一旦出现问题，就几乎没有挽回余地，原因是因为摇旗呐喊的人太多，双方亲友对立的火药味太浓，结果就是，原本情意还没有断得那么彻底的两个人无路可退，必须走上分道扬镳之途。

　　你应该学着更成熟一点，从无话不说慢慢学会知道什么该说什么不该说，重点是，不应该把人生的所有问题都丢给你的好朋友解决。你的好朋友不是神！

　　无论是工作上还是感情上的问题，在发生时你一定充满着情绪，这个时候如果就呼朋唤友到处抱怨，结果可能仅止于得到宣泄情绪的好处，加上一些看似对又看似不对的意见，因为这些意见是跟着你的情绪起舞，不是透过理性思考分析给出来的。

　　反过来说，如果你在第一时间先沉淀下来，冷静一点之后，自己先想想可能的解决之道，也许你自己就可以找到办法解除危机，若是还不行，这个时候就可以以自己的方案为基础，寻求各方意见。而因为你的情绪已经比较平复了，所以你的朋友也不会被你的情绪影响，能够客观地看待这个问题。

　　许多朋友到了某个年纪之后，就很少知道彼此的消息，除非重大事件，即使他们依然时常见面，对彼此的生活细节也不了解。他们只需要知道一件事情，那就是"你最近过得还不错，我就放心了。至于男朋友换人了没有，实在不关我的事情，只要你开心就好"，这就是所谓的"君子之交淡如水"。给彼此多一点空间，是女性在友谊这个功课上，要学习成熟的一课。

　　一个真正好的朋友，也不会参与你的感情生活太

多，一副在帮你谈恋爱的样子。她应该要完全尊重你的生活态度，而不是依附着你的感情八卦过日子。

一个真正爱你的朋友，是应该理解你在各种抉择上的取舍，给你支持鼓励，也给你帮助。有时候她会当坏人，说两句不好听的话提醒你。

但不管是什么样的朋友，我们都应该从依赖朋友的性格中跳出来，让自己成为一个真正成熟、有能力为自己做决定的人，因为朋友真的不是神，他能够在你无助的时候陪伴你，却无法取代你去过你自己的人生。

41 女人间的八卦，最好的倾听者是男人

八卦是这个社会最强力的消费品，所以当我们看到某些八卦杂志销售量奇好，实在无须惊讶。反正窥探别人的隐私，永远是充满乐趣的事情，除非我们学会成熟这件事。

人生无处不八卦！八卦不但在电视里上演，在杂志里上演，在你的公司里上演，更在你的朋友圈子内上演。如果你不希望自己成为别人八卦的对象，最好慎选你的朋友及你们习惯谈论的话题。

虽然好奇心人人都有，要炼就"非礼勿视，非礼勿听，非礼勿言"这身功夫，实在不是三五年可以达成的事。不过任何好的事情只要一开始，就永远不会太迟。如果你已经厌倦排斥八卦，从现在开始就可以提醒自己远离它，至少在你做这个决定的同时，就已经远离了八卦0.1厘米。

能够追求到不说八卦这等境地，可以说接近圣人

般的完美了。如果我们还没有能够泯灭基本人性去当圣人，那么还有一些小小的方法可以让自己远离八卦麻烦。

如果咽不下那精彩的八卦，可以跟自己的爸妈说，虽然得到的响应会很无趣，可是至少不会因为说了这个八卦而伤害到任何人。

209

朱蒂在单身时代就已经厌倦了朋友间八卦的流窜，也彻底发觉聆听和传递这些八卦所造成的麻烦。例如：谁告诉你不要跟谁说的事情，结果你又去跟谁说，结果造成一场天大的灾难。后来朱蒂大彻大悟，忍住自己不再在朋友之间传递八卦，忍住最后想说出口的那一刻，训练自己马上用"我不知道这件事情"代替一切回答，然后回家跟自己的另一半说。

和男人说八卦最大的好处是：男人没兴趣到处去说。更重要的是，他们根本没心记住这些和他关系很远的事情。他们之所以还愿意听你说这些啰啰嗦嗦的东西，实在是基于对你的爱而默默忍受。所以最好的垃圾桶就是你的男人，他们才是真正的垃圾场焚化炉，能够把你丢进去的东西焚化销毁，而不是资源回收厂，把这些八卦回收再利用。

女人和男人之间的八卦最引人关注，如果你和你的恋人有什么纠纷不愉快，找一个能够真正为你排忧解难的人说就好了，不要和一大堆朋友说，因为不出三天，全世界都会发现你的任性及恋人的无奈。如果能够用点儿智慧和你的恋人处理好彼此之间的问题，而不需要去寻求旁人的意见，那就更好了，那代表你已经是一个非常成熟独立的女性，大部分的感情困惑都可以自行解决，没有引出更大麻烦便解决了它。

许多人认为，年轻女性的朋友群实际上是八卦的串联。在对这个意见发飙之前，建议你想一想：当你和自己的好朋友聚会的时候，所聊的话题是什么？不就是"信息交流"这个东西吗？例如：某个刚好不在场的那个人最近面临了什么困惑，或有个在场且很乐意分享自己的人有了什么恋情最新进展。偶尔你们也会谈到社会经济及全球环境的议题，但那永远只是令人昏昏欲睡的串场话题。

如果朋友之间非得用八卦来联系感情，那也无可厚非。至少八卦消息提供了你们感情联系的连结点。只是在谈论八卦的同时，应该还要有点什么建设性。

例如：你从这个事件当中体会到了什么？领悟到了什么？能否在说出了某一个人不幸的八卦之后，串联起行动一起去帮助她？能否在狠狠批评了一个人的爱情生活之后，以"她是一位可圈可点的好朋友"收场？

211

　　如果能在单纯的八卦谈论之外，认识到你们所谈论的这个人也是有血有肉的，给予多一点同理心和关怀，那么你们之间的八卦，就不会只是单纯地看一个人的笑话，而是像以前的邻居大妈一样，除了会说坏消息，还会很热情地加入关心人的行列。这和单纯的八卦谈论可是大不相同，至少尖酸刻薄的丑陋表情和热心得不得了的好看表情就有很大的不相同。

42 不该结交的人，千万不可套近乎

"近朱者赤，近墨者黑"。这听起来又是非常古董级的警示箴言，不过真的非常重要。

为什么一个人会去结交明明知道不好的朋友？原因在于她对自己太有自信。自信什么？自信自己的稳定性很强，绝对不会被这种不好的朋友影响，绝对可以突破"近朱者赤，近墨者黑"这句箴言。

希望你在这方面最好不要有这种可怕的自信。这种自信就好像太多深陷毒瘾无法回头的人，都是因为一开始很自信"别人会上瘾，但我正好就是超级无敌有定性的那一个"。

213

乔是一个很有人缘的女生，无论到了什么场合都很容易交到一群朋友。乔为人热情，爱交朋友，交友非常广阔，走在街上随便都可以遇到她所谓的朋友。

有一段时间她爱玩，常跑酒吧，认识了一些无所事事的朋友，有些还有犯罪前科。她觉得这些朋友和她过去认识的都不一样，生活很精彩也很特别，深深地被他们吸引。虽然乔自己认为不会被他们影响，但是她身边的好朋友、男朋友和家人、同事，都感觉到乔在那一段时间表现得和平常不一样。例如：乔原本是一个很有责任感的人，对工作上的事务也很细心，可是在那段时间，她出了很多重大错误，连老板都以为她是不是和男朋友分手，情绪影响才会状况连连。

乔的生活态度也变得很放松。以前乔是一个很拘谨的女生，可在那段时间，她竟然不介意和男性朋友手牵着手逛街。她并非喜爱这些男性朋友，只是觉得这是朋友之间表达友谊的行为而已。为此，乔的男朋友气急败坏，丢下狠话要跟她分手，才阻止了她这个行为。

为什么说"近朱者赤，近墨者黑"？那是因为人和人交往，是充满着感情和同理心的。如果彼此没有一点同理心、认同感，是很难和对方交上朋友的。乔和阿布这些人能成为好朋友，实际上是因为阿布的某些做法的确让乔很认同，例如自在地过生活，可是阿布让自己自在过生活的方式却是错误的。乔没有发觉这一点，因为认同了阿布的这一部分，所以和阿布交上了朋友，等到成为朋友之后，又同理他所做的一切行为，于是不知不觉被影响了，也因为同理心而无法发觉这个错误。

虽然因为年轻可以做的尝试很多，也可以说，无论做了什么错误的尝试都有机会回头，但是有时候我们要问问自己：为什么非得尝试那些要我们付出极大代价的事情？如果我们和一般人一样，没有特别幸运，如果人生最美好的时光就是这么几年，为什么我们不能够筛选那些对自己有帮助的事情大胆尝试，例如更有挑战性的工作、更上一层楼的求学、更自由自在的周游世界之旅，或一个你很想取得的专业资质、一个条件完美却难以接近的男人？为什么我们非得要拿这么宝贵的时间来尝试那些小小的新鲜乐趣，结果却要自己背负很大的健康和自由代价？

即使你再热情，也应该对自己的朋友有所筛选。

有些朋友是以不交恶为目标，那是公司里你很讨厌的同事；有些朋友是点头之交，你们之间或许没有特别吸引力成为朋友，但是在见面时给对方一个善意的招呼还是愿意的；你需要一些酒肉朋友，因为你的生活不可能永远追随四平八稳，只是这些酒肉朋友不能是作奸犯科的人，你们也无须太频繁接触。如果以上的朋友你都没有，至少你最需要的是真正的朋友。这些朋友为人正直善良，无不良嗜好，应该有点理性，在你情绪失控的时候，会陪伴你度过不好过的日子。

最好的朋友会愿意适时泼你一盆冷水，给你反面思考的空间，即使当下令你难堪，可是冷静之后你会明白，他是为你着想的。

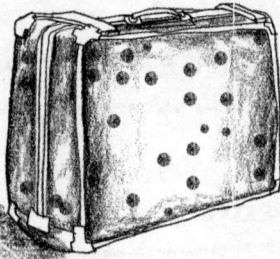

蜕变，
一个完美的世界在等候，
跟随我，
从这个瞬间开始，
雕刻美好。

CHAPTER 08

书籍是单身女人最忠实的情人

我最提倡女人不要当笨女人，也不要和笨男人在一起。

而不要当笨女人的前提，就是要多读书。

能让自己安静下来的书就是好书，

单身女人最忠实的情人应该是书籍，

把书作为自己进步的阶梯，活到老，学到老，

才能一直保持自己的魅力，不同时代脱节。

43 人活着就是要求知

说起看书我是很热衷的，小时候只学会注音符号不认得字，就拿着故事书去求邻居姐姐帮我注音让我读白雪公主之类的故事。当然似懂非懂，但已经朝着懂的目标跨出一步了。

后来外婆听不懂国语新闻，我翻译给她听；她读不懂报纸的文字，我就说给她听。不厌其烦，是因为那种求知欲很强大。

●买书，是买一个价值观的呼应或辩证

有时候买书不见得读，读了也不见得读完全文，读完全文也不一定全部读到心里。不过买书好像是生活的一部分，有时候就是很雀跃某一位作者说中了自己心里一直说不出的那种价值。

就是与自己心意相违的作者的书也要买，就要看看他凭什么那么说！

古人说，读书，是改变命运的方式，那说的是科举考试。现代人要理解的是，像联考那种科举考试的读书价值（简而言之就是学历），已经式微。如今要追求的是"苟日新，日日新，又日新"，养成好的阅读习惯，使自己逐渐强大起来。

●懒人包和书籍之别

论坛或大众媒体称为信息，而书籍才是知识。信息是一个懒人包，好处是比较勤劳的人在收成，人追求懒人包，就是臣服在某一个人的目的性散布之下。而知识是很严谨的编排审核过程，为求知者而戮力。

●选书过程坚定了当下的生活期待

选书也是一个自我价值选择的历程，我常常在诸多料理书籍、手创书籍、心灵书籍与理财书籍、趋势书籍、经典文学书籍当中犹疑不决，但总有一本书呼应我当下想做的事情。

就像我最近买了一本法式咸派的书，我喜欢法式咸派是因为它吃得饱也吃得巧，然后又健康（内馅就是奶蛋或是红酱、青酱、白酱，搭配各种蔬食就很好吃）。

●人生不能无书

如果一直埋头工作追求物质与欲望，就容易被牵着鼻子走，忘记自己身而为人的其他可能性、发展性。我始终觉得生命很珍贵，若没有发现其他的价值，是很可惜的。

读书让我们终于发现，原来某件事情那么棒！那么好玩！

当然有些事情始终不会引起你的兴趣，就像我对旅行缺乏兴趣。那也无妨，至少透过阅读，我们可以了解旅行是怎么一回事。

书籍像是一扇窗，确认了自我信念与兴趣。

所以说人生不能无书，无肉令人瘦，无书令人浑浑噩噩。

44 女人不要当笨女人，更不要和笨男人在一起

我最提倡女人不要当笨女人，也不要和笨男人在一起。而不要当笨女人的前提，就是要多读书。

不管你过去是被逼着考大学，被逼着考一百分，还是不接受父母的威逼利诱而没好好读书，那都不管了，重要的是，你现在已经是个独立自主的女人，要主动为自己的脑袋输入一些好东西，就好像你总要为自己买两件好衣服一样。打理脑袋里的优雅姿态，和打理你的外在优雅姿态一样重要。

读书的意义并不是要一个人坐在清静的咖啡厅里，翻阅一本小说，或投入无止境的职业证书之争。以上这两件事情不是必要的，要看个人需求决定。读书的真正意义在于——永远保持你想要知道真相的心态，并且勇于去找寻真相，必须厌烦被各种流言道理传播和欺骗，想清楚知道别人告诉你的事情到底是不是真实的，对你有没有帮助，你是否真的要跟着做。

过去的女人没有这种权利，但是现在的你很幸运，可以不断地挑战、推翻所有人想要控制你的框框，找到你认同的价值。

女人自己去追求知识，让知识在自己的脑袋里面发酵成为自己的思想，然后成为一个完全自主的女性。

所以能够读书实在是一件非常幸福的事情。

虽然你不一定对理财有兴趣，但是2008年爆发的雷曼兄弟公司倒闭事件，你可能需要知道一点；虽然你不一定对政治有兴趣，但是各种和你生活息息相关的政策，你就必须了解，至少应该知道失业的时候如何申请失业保险；虽然你不一定对时尚杂志有兴趣，但是至少关注一下街上女生的打扮，也可以作为自己打扮的参考。

所有信息对你的工作和生活不一定都有帮助。好比说，如果你是金融业的从业人员，了解建筑设计相关信息对你的工作可能没有直接帮助；如果你是不动产业的从业人员，那么餐饮相关信息对你的工作可能也没有直接关系。既然如此，我们为什么还要大费周章去了解那些几乎和自己工作生活不相关的信息呢？

因为整个社会、整个世界都是息息相关的，牵

一发而动全身。电影《蝴蝶效应》，就是在说一件看起来似乎和你并无相关实际上却会对你影响重大的事情。

经济学家判断，当经济越景气的时候，表现在女人的服装上，就是裙子短。而裙子越短，某种程度上来说就是女人自信的表现。目前整个世界的经济陷入瓶颈，消费力大大降低，可是所谓的宅经济（包括网络游戏、团购及各种不出门就能让人完成各种生活所需的产品）就非常热门。当中东政局不稳的时候，油价就会飙升，它影响在远方的我们，就是每个月的交通费用提上升。像中东政局、美国股市……这些看起来真的对我们如同天高皇帝远的事情，其实都通过整个世界的紧密互动，对我们的生活或多或少地造成了影响。

无论你的工作是什么，住在哪里，每天经过哪些地方，认识什么朋友，这些事情都会被世界变动的局势影响所及。如果我们能够保持接收信息的习惯，就可以在第一时间掌握这些变动对于自己的影响。

你应该有自己的信息数据库，放在计算机或大脑里面，选择对你有用的信息，会让你无论在思想上还是交际上，都更得心应手。

45 电视看多了人会变呆，女生如果变呆就不美了

　　我们必须认清自己的脑容量是"有限"的，所以要在脑袋里面装进什么东西，还是得初步筛选一下，以免像高速公路大塞车，让你的思维动弹不得。

　　订阅杂志就是不错的选择，不过你的时间有限，不需要什么杂志都看，筛选一下对你是有利无害的。许多女性朋友喜欢读流行服装杂志，不过除非有工作专业上的需求，否则不必花这么多时间在这上面，毕竟你应该知道如何打扮自己，不必跟着服装潮流走。这么简单的目的，其实只要花个周末去逛街，看看百货公司里橱窗的衣服，就大概可以了解目前的流行趋势了。

　　电视看多了人会变呆，女生如果变呆就不美了。法兰丝是一个单身女性，每天下班回家就只想窝在电视机前，随便当吃完，吃完了后就继续窝在床边看电视。虽然电视节目都不怎么样，可是法兰丝就是没有办法把她自己的屁股移开到任何地方，即便开着电视机，听着电视里的声音睡觉也无所谓。法兰丝和许多依赖电视的人一样，因为一个人住，总要想办法让电视机发出一点声音，才会感觉不寂寞。

　　法兰丝每天睡觉前往自己的脑袋里装了什么呢？满天乱舞的八卦消息、无聊的冷笑话、极端的谈话言论（法兰丝常常看得心跳加速，恨不得也进去骂一骂）、强调激烈情感的连续剧……结果上班不累，吸收这些信息才累。虽然法兰丝也知道这里面充满了谎言和不切实际的信息，可就是会深陷其中；更可怕的是，这些东西也逐渐对她产生潜移默化的影响，例如：对于两性的看法越来越极端，对于政治的看法越来越愤慨，对于人类的未来感觉悲观。不知不觉中法兰丝变得没办法理性、客观地面对身边正在发生的事情。

例如：当异性开始追求她时，她就不知不觉使用了一些极端的方式测试这个对象，并且在对对方毫无所知之前，就仿照谈话性节目的结论，断定他是一个什么样的人，而事实上，她几乎不认识这个男人；如果同事谈论到某个政治议题和她的立场不相同，她就会马上产生不悦的情绪，完全听不进去别人说的话；有时候她也会不知不觉地仿照连续剧的情境宣泄自己的情绪。

法兰丝越来越失去自我，原本的她根本不是这个样子，至少没有那么不快乐。就是这些不当的信息在她的脑海中种下了种子，影响了她对待世界的态度。

对法兰丝及每位20多岁的女孩来说，对自己最好的方式就是关掉电视机，去做自己该做的事情。什么是该做的事情呢？就是应该把你自己及你的生活环境弄得舒舒服服的，该打扫就去打扫，该泡澡就去泡澡，该联系朋友就去联系朋友，该预备明天的工作就去预备，打理好一切让一整天愉快地落幕，并且确保没有漏掉一件事情，不会影响到第二天的工作和生活。

如果需要信息，上网阅读新闻或买一份报纸来看，效果会更好。因为透过脑袋整理分析所写出来的

文字，会比单纯的言语要严谨一点。而且这么做有助于提升自己的阅读能力。许多踏入社会几年的人，都变得不大爱阅读，最后彻彻底底地失去了阅读能力。

失去阅读能力的结果，就是回到原始时代，什么信息来源都要通过别人的语言转述，又被别人牵着鼻子走了。许多女性前辈到了一定的年纪时，微弱的信息来源不是电视就是街头巷尾的流言，而这种对于信息的不甚了解和被动获得的方式，会使自己的思考能力钝化。

大量没有经过筛选的信息是垃圾。我们对待信息的方式就仅止于"知道有这么一件事情发生了"，至于这个事件应该如何分析看待，可以自己判断。如果不知道如何判断，还需要更详细的数据，那么就去图书馆查询数据，或请教专业人士。最重要的是——不要把别人的意见照单全收，你一定要有自己的想法。

229

46 25岁不幸失恋了，那就挑本让自己安静下来的书吧

　　读书本身是一件好玩的事情。有时你把一整本书读完，发现内容很平凡，并无可取之处；可是，也许书中刚好提到某句话，正好符合你当时的心理需求，打通你的任督二脉，也许就这样打开了你的困境。

　　即使你啃不了那些大部头的文学作品，也没什么关系，没人规定非看那些书不可；你可以找自己爱看的，漫画、小说，甚至手工艺、烹饪教学书籍，看看精致的图画也很不错。生活平淡无奇时，去书店翻一翻书，只要一个下午，你就会有很多惊喜，并想着：天啊，这世界上竟然有这么妙的事情，我也来试试看吧！

　　你不一定有足够资本每年都替自己安排两次旅行，达到"读万卷书不如行万里路"的理想。20多岁的你也许想多看看外面的世界，如果是能力所及，当然很好，但如果没办法，也不需要太勉强。你向往许

多地方的文化、风俗民情、思想习惯……而这些东西在信息发达的时代，都可以通过网络和书籍送到你的面前，如果想要更身临其境般的感受，可以挑战学习当地的语言，上网和这些国家的人交朋友。

如果你想要学习语言，先别给自己定一个天大的计划，导致始终无法完成。现在有许多语言学习书籍非常趣味化、生活化，可以买几本回家翻阅，先不急着吞单词背语法，只要像看一般的书一样去看就好了。我的朋友茱蒂从日文版的杂志及原文漫画书中，学会了不少终身不忘的日文。另一个朋友南希则喜欢在MSN上写下自己每时每刻的心情，但是又不想给太多人知道，所以她使用了趣味的日文教学书，用日文在MSN上写下自己当日的心情。茱蒂和南希她们都没有特别去上日文课或背诵这些单词语法，可是现在一个人去日本旅行也没问题。

绘本教学书籍也很棒，根本不需要什么美术背景、绘画技巧，因为这些书籍都会用非常简单的线条教导你画出自己的心情。你可以靠着插画教学书，就能实现用图画写日记的梦想。最棒的是，就算有人偷看了你的日记本，你也不怕泄露太多秘密。

手工艺和烹饪教学书也很不错。如果实在没有空去上这些课程，书籍本身就可以提供你基本的技巧。当然有没有师傅教还是有差别，不过如果你悟性够高，就可以在每一次失败的经验当中，整理出属于你自己的一套技巧。

在做了这么多有趣的事情之后，不知不觉中你的脑袋就已经多出了很多想法，让你具备了一个优雅女性的气质。

如果你的书读得够多，视野够宽广，那么即使一次小小的失恋，也不会把生活搞到一败涂地。这是为什么呢？

因为你不会孤单，你早已经从广泛的阅读当中发现了世界上许多美好、有趣的事物，它们能够让你的生活多彩多姿。虽然恋爱也很美好，但是幸好它不是唯一美好的一件事情。就如同多拉失恋后，擦干眼泪带着笑容对我们说："太好了！我总算找到大把时间来研究如何制作蛋糕。你们这些朋友等着胖死吧！"

虽然失恋不见得能让你醒悟到成为一个哲学家，不过若你是一位时常看书、时常做脑力激荡的人，那么你真的可以从失恋的痛苦中发现一点点人生的真谛，整合一下过往的阅历和见解，为了让自己好过一点，并为自己的生命找到更好的定位。

最直接有效的帮助就是进修，让自己投入追求知识的旅途。可以选择一个你已经"想"学习的事物，好比法文、CG绘图、烹饪、手工肥皂制作，甚至去

考取一个职业证书，把失恋自残、自哀的心力通通拿来投入在成长上，难保不会很快又遇到一个和你一样上进的男友。

有自省能力愿意成长的男人，才是有资格和你并肩齐步的物件吧。

233

如果以自己为生命的主角来看，恋爱的过程是为了丰富自己的人生，而读书也是为了丰富自己的人生，所以这两件事情基本上都可以为你的生活带来类似的乐趣。

一个见多识广的女人，会渐渐地不再被失恋困扰，那是因为她有知识的力量懂得去追求更好的未来，而不需要终日抱着回忆和过去的美好活下去；一个见多识广的女人可以勇敢地向前看，不会被男人所建立的小小世界困住，无论有没有恋情，都影响不了她追求精彩的人生。